U0345453

《熬波图》探解

辰阳 著

东南大学出版社
SOUTHEAST UNIVERSITY PRESS
·南京·

图书在版编目(CIP)数据

《熬波图》探解 / 辰阳著. —南京:东南大学出版社,
2019.8

ISBN 978-7-5641-8488-9

Ⅰ.①熬… Ⅱ.①辰… Ⅲ.①制盐—中国—古代—图集 Ⅳ.①TS3-092

中国版本图书馆 CIP 数据核字(2019)第 147635 号

《熬波图》探解 《Aobotu》Tanjie

著　　者: 辰　阳
出版发行: 东南大学出版社
社　　址: 南京市四牌楼 2 号　　**邮编:** 210096
出 版 人: 江建中
网　　址: http://www. seupress. com
电子邮箱: press@seupress. com
经　　销: 全国各地新华书店
印　　刷: 江苏凤凰数码印务有限公司
开　　本: 700 mm×1000 mm　1/16
印　　张: 12. 50
字　　数: 312 千字
版　　次: 2019 年 8 月第 1 版
印　　次: 2019 年 8 月第 1 次印刷
书　　号: ISBN 978-7-5641-8488-9
定　　价: 58. 00 元

本社图书若有印装质量问题,请直接与营销部联系。电话(传真):025-83791830

《熬波图》又称《熬波图咏》，源自清代《四库全书》，分上、下卷，最早编入明代《永乐大典》中。作者是元代浙江天台人陈椿，时任下砂（即今上海下沙）盐场的盐司。

本书从工程文化的角度，以盐场建设全过程为主线，以熬波技术为核心，参照《熬波图》模式，采用图文并茂方式，对原图、图说、图咏进行译释和解说。本书重点突出挖掘整理的、独特的"淋煎法"工艺，力求使读者了解中国古代最先进的海水煮盐技术，并向读者展现元代下砂盐场的熬波盛景和盐民们的生活状况。

本书可供古籍研究人员及爱好者、盐业专业和工程管理人员使用，但也兼顾一般读者需要，尤其为使作品通俗化和一目了然，在绘图解说方面作了一些尝试和探索。

Diagram on the Boiling Seawater, with another title of *Diagram and Poem on the Boiling Seawater*, is an illustrated book about salt production. It was compiled in *The Yongle Canon* of Ming Dynasty, and then reproduced in *Imperial Collection of Four* of Qing Dynasty. The author, Chen Chun, was a salt officer of Xiasha Saltern in Yuan Dynasty.

From the perspectives of engineering culture, this book uses both diagrams and comments to demonstrate the core technology presented in illustrations and explanations in *Diagram on the Boiling Seawater* with an order of saltern constructing process. The unique method "Sprinkling and Decocting" is focused on, which is an advanced baysalt making technique in ancient China. This book also shows the prosperous scenery of Xiasha Saltern in Yuan Dynasty and the living conditions of salt makers.

This book will be useful for researchers and amateurs of ancient documentaries, salt industry professionals and engineering managers. Some attempts and explorations have been made in drawing diagram illustrations to make the works more common and easier to understand, which make this book suitable for both professionals and general readers.

前　　言

本人偶然得知《熬波图》中淋煎法发源地在上海浦东新区的古下砂盐场，之后就想一探究竟。通过研读原著与踏勘遗址，深感《熬波图》内容丰富、内涵精深，故想将探究的收获整理出来与读者分享。

“熬波”也称“煮海”或“煮水”，是我国最古老的海水煎盐手工业技术。有关“熬波”的解释见《西溪丛语》：“盖自岱山及二天富，皆取海水炼盐，所谓熬波也。”（《西溪丛语・卷上》（宋・姚宽））《熬波图》是现存的中国古代最早、最完整总结海盐生产全过程的专门著作，堪称“盐业版”的《天工开物》，也是最早反映盐民生活劳作的盐业“史诗”。作品以图绘其景、图说其事、图咏其情“三位一体”的形式，记载元代上海地区熬波生产全过程，同时兼述盐户们的生活状况。《熬波图》全卷有图 47 幅（其中原第 7、9、10、13 和 15 图，共 5 幅佚失），每一幅图都附有图说和图咏。对于原卷所缺的 5 幅图，本书采用《上海掌故丛书》（上海通社辑，1935 年）中《熬波图咏》的附图补充。为尊重原著，在本书仅对原图进行拼接而无补绘，故部分图拼接连贯性稍差，请读者谅解。

熬波的盐民称“灶丁”“盐丁”或“煎丁”，盐户称为“亭户”或“灶户”。下砂盐场以其熬波煮盐技术先进、生产海盐质量高而著称。下砂在唐代开始有煮海熬波制盐业，五代已成盐场，是华亭五场之一。宋建炎年间（1127—1130 年），下砂盐场设盐监，是管理盐税、盐业的机构，其长官称“监”，《熬波图》作者陈椿时任监司。元至元三十一年（1294 年），下砂盐场统领下砂南场、下砂北场、大门场、杜浦场、南跄场、江湾场等六场，是当时东南沿海34个大盐场之一。元代至明中叶鼎盛时期，下砂盐场定额6 683吨，占华亭五场总额量3.12万吨的21.4%，为浙西27个盐场之冠(《下沙盐场与〈熬波图〉》汪欣)。

本书着重阐述从《熬波图》中挖掘、归纳、整理的“淋煎法”技艺。“淋煎法”是“淋灰取卤上盘煎盐法”技艺的简称。“淋”指用海水浇淋经过摊晒吸盐的草灰，“煎”则是将淋灰后得到的卤水上盘煎煮制盐。之所以命名“淋煎法”而不是“淋煮法”，是因为使用的煎煮工具是铁盘而不是铁锅，在民间都习惯说“用盘煎”“用锅煮”。“淋煎法”包含了七大主要技法，有裹筑灰淋、月河截潮、淋灰取卤、莲管秤试、铁盘铸造、茆灰勾缝和捞洒撩盐法等。除铁盘铸造法外，其余六项是元代下砂盐场独特而精湛的技法，是古代中国制盐手工艺的重要成果，为古代盐业科技的发展做出重大贡献，也为历史文化名城的上海写下浓墨重彩的一笔。

本书还从工程建设全过程管理的角度对原著进行探究，分析元代盐场的监管体系和组织构架，研究盐场从选址布局、规划建设、生产运作、仓储运输和运营监管等全过程的管理，以窥见古代工程建设的管理模式。此外，在严谨的工程技术论述中，也闲笔插述盐民的劳作与生活景况。

本书既挖掘整理《熬波图》中蕴含的非物质文化遗产内容，如“淋煎法”手工艺技术，也展示了古代上海的一些文化遗产内容，如古海塘及古运盐河等。希望《〈熬波图〉探解》的推出，能对进一步挖掘上海文化遗产和非物质文化遗产，讲好上海故事尽点绵薄之力。

辰　阳

2019年5月于上海

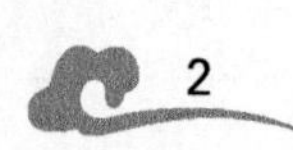

目 录

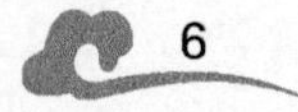

《熬波图》上卷

一 《各团灶座》

原图、图说及图咏

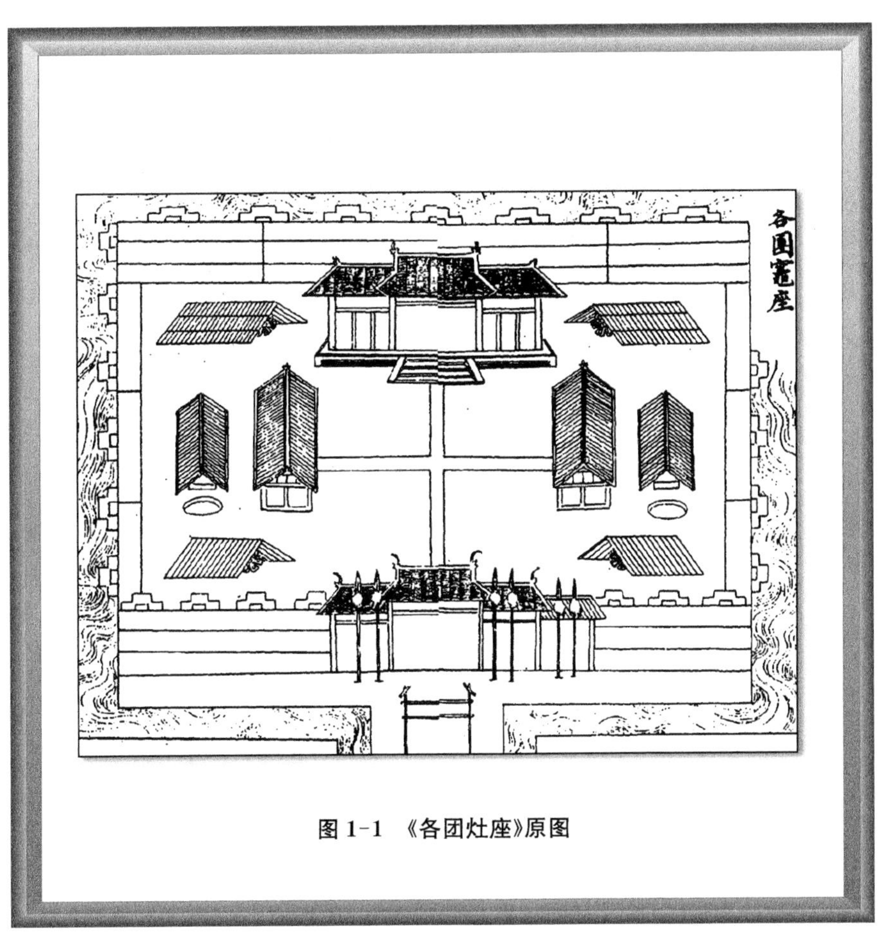

图 1-1 《各团灶座》原图

欽定四庫全書　　熬波圖　卷上　　三

各團竈座　歸併竈座建團立盤或三竈合一團或兩竈為一團四向築疊圍墻外向遠匝濠塹團内築鑿池井盛貯滷水盖造鹽倉柈屋置關立鎖復撥官軍守把巡警

東海有大利斯民不敢爭並海立官舍兵衛森軍營私鬻官有禁私鬻官有刑團廳嚴且肅立法無弊生

图 1-2 《各团灶座》原图说与图咏

图说与图咏译释

《各团①灶座②》图说译文

建设盐场时，要先相地选址，规划灶团的建设地点，按两个或三个灶合并为一个灶团。灶团院落四周要修建围墙，围墙外开挖防护壕沟。院落中修筑卤池井、储盐便仓和盘屋，还要设置院落大门，并派驻官兵警戒守护。

《各团灶座》图咏

［元］ 陈 椿

东海有大利，斯民不敢争。
并海立官舍，兵卫③森军营。
私鬻④官有禁，私鬻官有刑。
团厅严且肃，立法无弊生。

注释：

① 团：灶团，盐场下的煮盐生产单位，每团有 2 个到 3 个煮盐灶。

② 灶座：煮盐的炉灶。

③ 兵卫：守卫灶团的官兵。

④ 鬻[yù]：卖。

解说：古代食盐的管制

元代两浙盐场中，团是盐场下制盐单位，其下有两个至三个煮盐的灶座，而灶是最基本的生产单位，一灶有一二十个煎盐之家，称灶户或盐户，他们共用一个灶座。灶户中从事制盐的劳动者称为灶丁、盐丁、煎丁、场丁等。盐场设立“团”“灶”的目的是利于盐的生产与管制，防止盐户与外界联系，私下卖盐。因此“团”就成了设有防卫的居民点和生产地。随着大批的灶户在盐场定居，“团”“灶”这些生产单位也作为历史地名沿用下来。如今在上海浦东地区，还有“团”“灶”地名，如大团、七灶等。

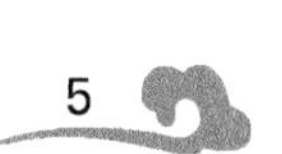

由于食盐的重要性和不可替代性，中国古代对盐的生产及销售都进行严格的管制。早在西周时期就始见征收盐税，《周礼》中就有掌管盐税征收的官员——“盐人”(《周礼·天官冢宰》)。汉代立盐法，实行盐业专卖，禁止私营。盐税是历代朝廷主要财政收入之一，元代也不例外。据《元史》记载，在元代的国家税收中，盐税就占八成，因此对盐业生产的控制更加严格，盐场灶团要修筑围墙，开挖壕沟，派兵驻守。这就是图咏中说到的：“并海立官舍，兵卫森军营。私鬻官有禁，私鬻官有刑。团厅严且肃，立法无弊生。”

为了监管食盐的生产，元代地方官员参照城镇营造模式，在盐场建造灶团生产院落。古城镇的营造有等级规制，最经典的见《周礼》中王城营造规制：“匠人营国，方九里，旁三门，国中九经九纬，经涂九轨，左祖右社，面朝后市，市朝一夫。”(《周礼·冬官考工记》)具体营造模式如图 1-3 所示。

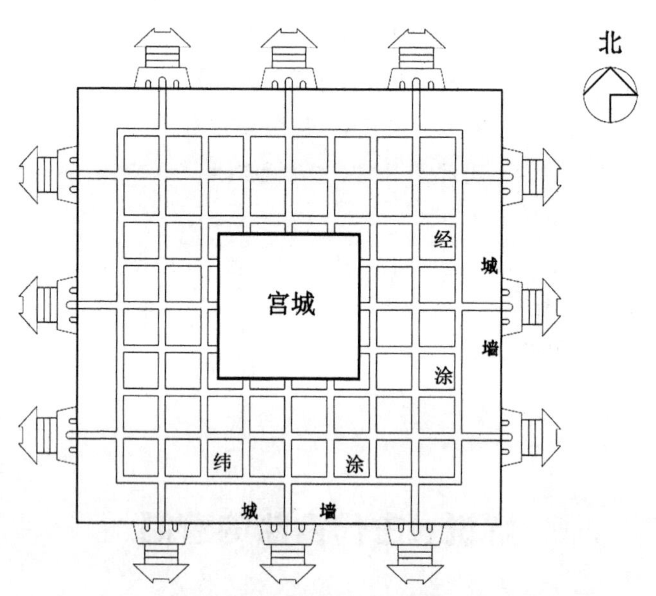

图 1-3　周礼规制的城市营造模式图

(源自：陈小明. 中国城市规划中天人观的研究[D]. 南京：东南大学，2005.)

二 《筑垒围墙》

原图、图说及图咏

图 2-1 《筑垒围墙》原图

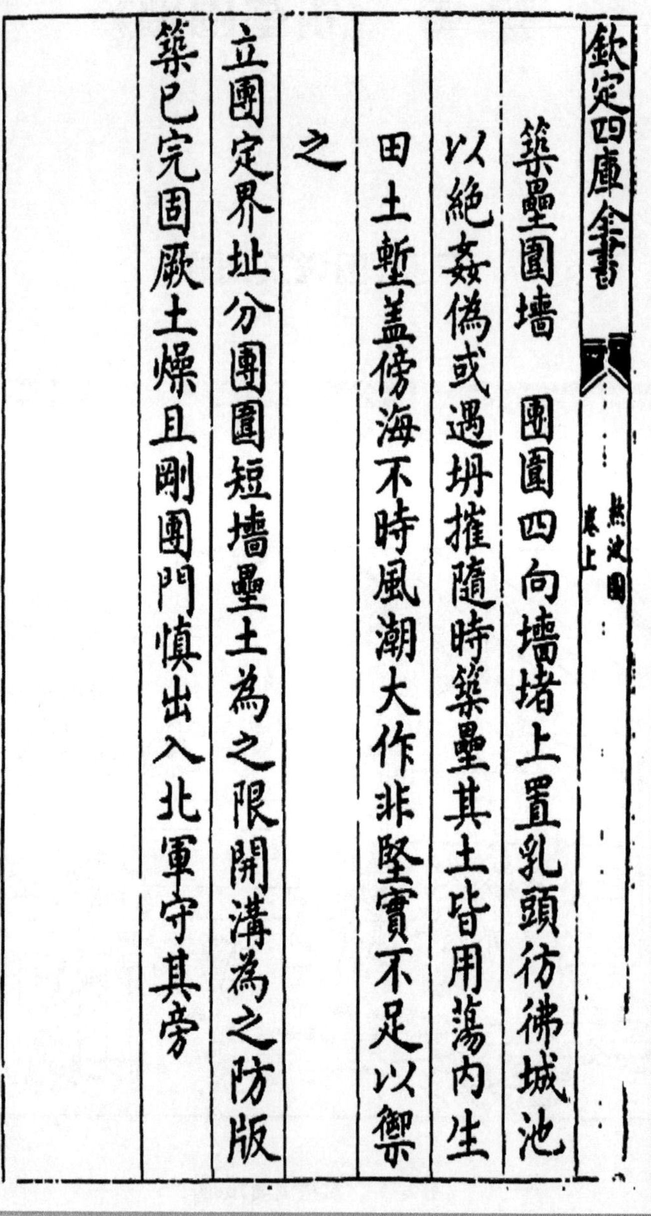
欽定四庫全書　　熬波圖 卷上

築壘圍墻　團圍四向墻堵上置乳頭彷彿城池以絶姦偽或遇坍摧隨時築壘其土皆用蕩内生田土塹蓋傍海不時風潮大作非堅實不足以禦之

立團定界址分團圍短墻壘土為之限開溝為之防版築已完固厥土燥且剛團門慎出入北軍守其旁

图 2-2　《筑垒围墙》原图说与图咏

图说与图咏译释

《筑垒围墙》图说译文

灶团院落四周要筑垒围墙，墙顶要像城墙一样做乳头[①]，防止外人非法进入。围墙如有倒塌，随时修好，建墙材料是草荡内的田土。因靠近海边，经常有大风潮，必须把围墙修筑结实，才能抵挡海潮侵蚀。

《筑垒围墙》图咏

［元］ 陈 椿

立团定界址，分团围短墙。
垒土为之限，开沟为之防。
版筑已完固，厥[②]土燥且刚。
团门慎出入，北军[③]守其旁。

注释：

① 乳头：墙垛、垛子。

② 厥［jué］：挖。

③ 北军：守卫灶团的官兵，北军指元代来自北方的军队。

解说：古城墙与灶团围墙对比

古代的城池是城墙和护城河的合称。城墙是指由墙体和附属设施构成封闭古城的设施，城墙由墙体、女墙、垛口、城门和瓮城等构成。城墙多数为夯土修筑，到明代中期制砖业发展后，城墙逐渐采用两侧包砖、中央填土的形式。墙体修好后，在墙外四周的护城河又叫城河、城壕或护河，是人工挖掘的围绕城墙的河道，具有防御作用，利于防止敌人入侵。立团时选好团址后，也像修筑古城墙一样“垒土为之限，开沟为之防”。

团院围墙与古城墙（以苏州盘门古城墙为例）组成部分对照情况如图 2-3 所示。图中，团院围墙上的乳头相当于城墙的墙垛。

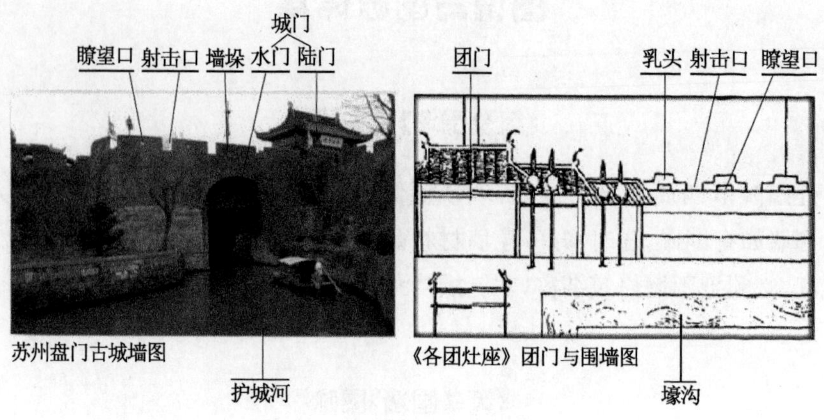

图 2-3　团院围墙与古城墙对照图

三 《起盖灶舍》

原图、图说及图咏

图 3-1 《起盖灶舍》原图

欽定四庫全書　　熬波圖 卷上

起蓋竈舍　既立團列竈自春至冬照依三則火伏煎燒晨夕不住必須於柈上蓋造舍屋以庇風雨雇募人夫工匠填築基址令高收買木植鐵丁等物料屋在壯而不在麗故簷楹垂地梁柱椽桷俱用巨木縛蘆為稕鋪其上以茅苫蓋後築短墻團裹內設出生灰之處前向容着竈丁執爨煎鹽夏月多起東南風故其屋俱朝東南風順可燒火竈丁則免烟薰火炙之患

築團未脫手柈舍又興工運甎上高屋畚泥矮墻東所喜手脚徒敢言腰背慵何以門東南蓋以朝其風

图 3-2　《起盖灶舍》原图说与图咏

图说与图咏译释

《起盖灶舍①》图说译文

由于从春至冬每日煎盐不断，为使炉灶不受风吹雨淋，需要在煎盘上加盖灶舍。灶舍建造工序如下：(一)填高平整地基。(二)立柱搭梁。(三)梁上搭椽条。(四)椽上铺芦苇稕②。(五)盖上茅苫。(六)灶舍外筑矮墙圈。(七)开出灰口。(八)铺砌灶丁操作场。

夏季主导风向是东南风，因此灶舍门都朝向东南，这样既可以顺风吹炉助燃，也可以避免灶舍烟熏火烤。

《起盖灶舍》图咏

[元] 陈　椿

筑团未脱手，盘③舍又兴工。
运茅④上高屋，畚⑤泥矮墙东。
所喜手脚健，敢言腰背慵⑥。
何以门东南，盖以朝其风⑦。

注释：

① 灶舍：为煮盐炉灶盖的房子。

② 芦苇稕[zhùn]："稕"意为束秆，将某种植物秆子集束在一起。芦苇稕是指用粗木条绑扎芦苇做成的束秆。

③ 原图咏中"柈"，同"盘"，指煮卤水的铁盘。

④ 原图咏中"茆"，同"茅"，指茅草。

⑤ 畚：畚箕，指用竹、木等编制用来撮东西的器具。

⑥ 慵[yōng]：劳累。

⑦ 朝其风：灶舍门朝向夏季主导风向，以便顺风吹鼓炉膛并驱散熏烟。

解说：灶舍建造工序

灶舍的建造过程如图 3-3 所示。

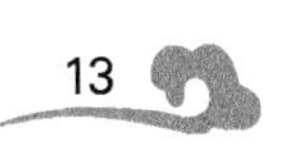

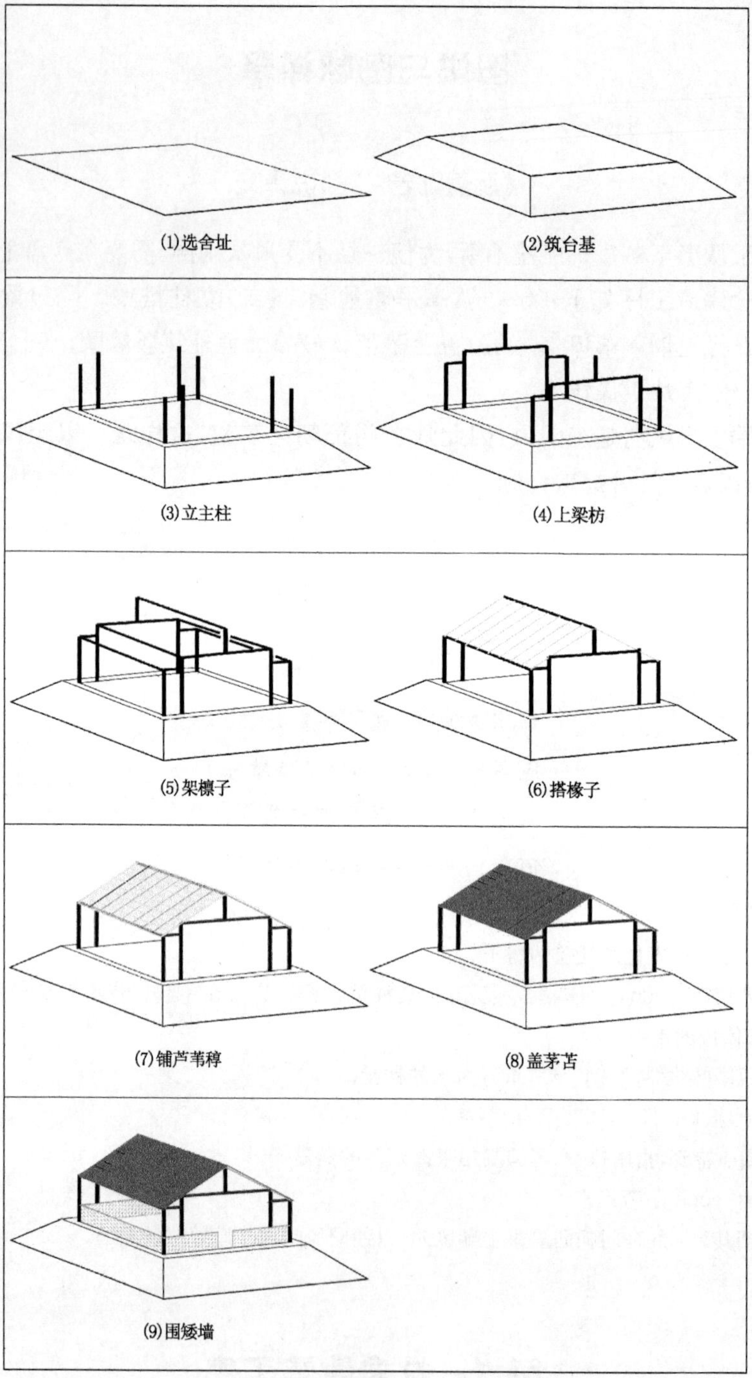

(1)选舍址 (2)筑台基

(3)立主柱 (4)上梁枋

(5)架檩子 (6)搭椽子

(7)铺芦苇稕 (8)盖茅苫

(9)围矮墙

图 3-3 灶舍建造工序图

四 《团内便仓》

原图、图说及图咏

图 4-1 《团内便仓》原图

欽定四庫全書　　熬波圖　卷上

團内便倉　各團所辦鹽額多寡不同多者萬引
少者不下五七千引每日煎到火伏鹽數為因相
離總倉近則往回八七十里遠者往回二百餘里
或河道缺水或值聚雨所阻豈能繼即起運各竈
户自備木植磚瓦鐵丁石灰工食等項物料就團
内起盖倉房或五間或七間以便收貯公私皆便
故以便倉名之

便倉以便民規模在經始地土既高燥水港亦通濟磚
辟連屋山瓦溝建瓴水衆竈各設倉公利私亦利

图 4-2　《团内便仓》原图说与图咏

图说与图咏译释

《团内便仓》图说译文

各团煎盐的定额从 5 千至 1 万引[①]不等，每日煎好一火伏[②]盐量就可以运走。由于各团离总仓远近不一，来回近的七八十里，远的二百余里。或者河道缺水，或者暴雨阻碍，都不能及时运盐。因此，各灶户都自备建筑材料，在团内盖 5 间至 7 间盐仓，以便随时收储盐。这些盐仓于公于私都方便，故称“便仓”。

《团内便仓》图咏

［元］ 陈 椿

便仓以便民，规模在经始。
地土既高燥，水港亦通济。
砖壁连屋山，瓦沟建瓴[③]水。
众灶各设仓，公利私亦利。

注释：

① 引：古代重量的计量单位，历代不尽相同。

② 火伏：煎盐一昼夜。盐民们利用大铁盘轮流煎熬取盐，24 小时为“一火伏”。从一《各团灶座》的解说中，已知每个煮盐炉灶有一二十个盐户，生产时各户排班轮流煮盐。

③ 瓴[líng]：房屋上仰盖的瓦形成的瓦沟。

解说：便仓与总仓

便仓（也即四十七《起运散盐》中的“仓厥”）和总仓一样，都是用于存储生产的食盐，但两者是有区别的：

（1）便仓建在灶团内，与灶舍、池井屋一样，都是属于团内建筑；总仓则是建在盐场总部。

（2）便仓服务于某个灶团，而总仓是为整个盐场服务。

（3）便仓是临时性的仓房，而总仓是永久性的食盐储存库。

(4) 便仓存储食盐量少，一般存储一个灶团的一火伏盐量；总仓能够存储整个盐场一段时间内的产盐量。

尽管便仓与灶舍都建造在灶团内，但由于功能不同，房屋建造的等级要求不一样。灶舍建造是为炉灶挡雨，而便仓是用于存储供食用的食盐。便仓除需要严格防雨水外，还要防风、防虫等，因此要求建筑的等级较高。便仓是砖瓦房，而灶舍是草木屋。灶舍与便仓等级的区别见图 4-3 所示。

《起盖灶舍》部分图

《团内便仓》部分图

图 4-3　灶舍与便仓建造等级的区别图

五 《裹筑灰淋》

原图、图说及图咏

图 5-1 《裹筑灰淋》原图

欽定四庫全書　　熬波圖 卷上

裹築灰淋

灰淋一名灰墶其法於攤場邉近高阜處掘四方土窟一個深二尺許廣五六尺先用牛於濕草地内踏煉筋韌熟泥用鐵鏵鍬掘成四方土塊名曰生田人夫搬擔逐塊排砌淋底築踏平實四圍亦壘築如墻用木槌草索鞭打無縱務要繞圍及底下堅實以防泄漏仍於灰淋側掘一滷井深廣可六尺亦用土塊築壘如灰淋法埋一小竹管於灰淋底下與井相通使流滷入井内

百煉無生泥萬杵皆實地池井既堅牢裹築又完備作勞口舌乾鹹水覺有味早知作農夫豈不太容易

图 5-2 《裹筑灰淋》原图说与图咏

图说与图咏译释

《裹筑[①]灰淋[②]》图说译文

灰淋法裹筑灰淋池的工序如下：(一)选择摊场[③]旁高台地。(二)挖深二尺，宽五六尺的方形灰淋池坑。(三)在湿草泥地上牵牛踩踏，使泥草混合成熟泥。(四)挖出方块熟泥的生田[④]。(五)用生田铺砌灰淋池底和壁，踩踏平实。(六)用木槌和草索捶打、鞭抽，压实池底和池壁，防止渗漏。

在灰淋池边挖一个宽、深六尺多的卤井坑，同样用生田密实铺筑。两池底间埋设竹管，便于卤液从灰淋池流入卤井。

《裹筑灰淋》图咏

［元］ 陈 椿

百炼无生泥，万杵[⑤]皆实地。
池井既坚牢，裹筑又完备。
作劳口舌干，咸水觉有味。
早知作农夫，岂不太容易。

注释：

① 裹筑：用裹草的泥修筑。
② 灰淋：指灰淋池。
③ 摊场：摊晒淋卤的场地。
④ 生田：从牛踩踏的草泥地里挖出的四方土块。
⑤ 杵[chǔ]：一头粗另一头细、用于捣东西的圆木棒。

解说：裹筑灰淋法

裹筑灰淋法(一)——生田制作

裹筑灰淋法就是灰淋池的建造方法，分为生田制作(灰淋池铺砌用生田的制作)和灰淋裹筑(灰淋池的裹筑)两大步骤。

生田制作的工序如下：

(1) 灰淋池择址。在摊场旁边,选择高台地段作为灰淋池的场地,将场地平整,放线明确灰淋池位置。

(2) 选择生田场地。在灰淋池旁,选择较平整的地块,地块土质为适宜长草的黏性土。

(3) 地块整理。先平整地块,然后等待地块上长满草,草的高度以不超过生田长度为宜,拔除硬秆草木。

(4) 湿润地块。将地块连土及草浇水湿润透彻。(如等地块上青草干黄后进行更好)

(5) 熟泥制作。在湿润草泥地上牵牛踩踏,使泥草充分混合,形成熟泥,并摊平。

(6) 生田切取。根据已定的生田尺寸,在摊平的熟泥地块上,截取出生田,供灰淋池裹筑用。

裹筑灰淋法(二)——灰淋裹筑

在熟泥地块时截取出生田后,即可进行裹筑灰淋法的第二步骤——灰淋裹筑。灰淋裹筑的工序如下：

(1) 挖灰淋池坑。在放线好的灰淋池位置开挖池坑。

(2) 铺砌灰淋池。分别在灰淋池底和池壁,用生田紧密铺砌,踩踏压实。

(3) 鞭捶铺砌层。用木槌和草索捶打、鞭抽生田铺砌层,同时压实池底和池壁,防止渗漏。

灰淋池防渗漏的关键是用质量好的生田密实铺砌。由于草筋缠连成网状,生田中泥粒间紧密联结,不易渗水,类似于今天的钢丝网混凝土块。裹筑灰淋法主要工序见图 5-3。(注：部分工序图片分别取自五《裹筑灰淋》和六《筑垒池井》)

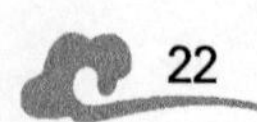

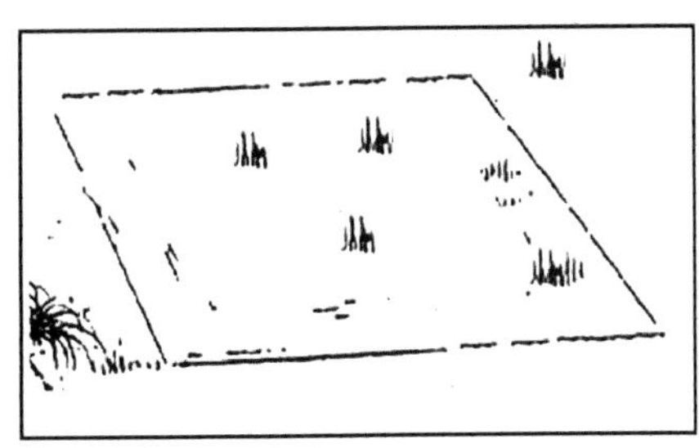

(1) 灰淋池选址

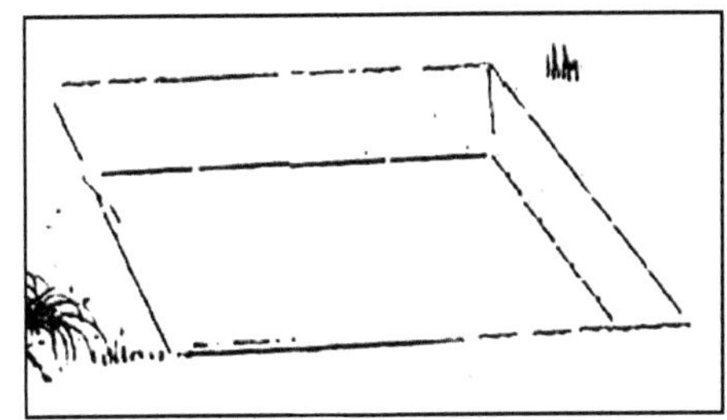

(2) 挖灰淋池坑

(3) 踩踏制熟泥

(4) 挖取生田块

(5) 铺筑灰淋池

(6) 鞭捶铺砌层

图 5-3 裹筑法建造灰淋池过程图

六 《筑垒池井》

原图、图说及图咏

图 6-1 《筑垒池井》原图

欽定四庫全書　熬波圖　卷上

築疊池井　灰場上及團內築疊成滷池井方長
者為池如甕樸掘深八九尺濶六七尺長丈餘井
則圓井之名有二大者為井小者為缸頭大可廣
六尺小廣三尺深若池之數天晴則用水澆濕草
地将牛踏煉筋靭熟泥用鐵鍬掘成四方土塊方
厚尺許逐塊搬擔排砌築壘池底并四向墻壁将
木槌草索鞭打遶圍上下泥縫堅實不致滲漏井
亦如之池與缸頭下底埋竹管相通用滷則缸頭
內浣沓上柈

鑿井以潴滷井欲實且堅又恐風雨至煉泥包四邊小
塊少者抱大塊壯者肩臨歸鞭又鞭恐為螻蛄穿

图 6-2　《筑垒池井》原图说与图咏

图说与图咏译释

《筑垒池井①》图说译文

在灰场及团内挖筑卤水池井。长方形的是池，长一丈，宽六七尺，深八九尺；圆形的是井。井有两类：大的叫井，直径六尺；小的叫缸头，直径三尺；井和缸头与池同深。池、井或缸头的底和壁都与灰淋池一样用灰淋法裹筑，并埋设竹管与灰淋池连通，用卤时从池、井或缸头内舀卤水入煎盘。

《筑垒池井》图咏

［元］ 陈 椿

凿井以潴②卤，井欲实且坚。
又恐风雨至，炼泥包四边。
小块③少者抱，大块壮者肩。
临归鞭又鞭，恐为蝼蛄④穿。

注释：

① 池井：储卤水的池与井。

② 潴[zhū]：积聚。

③ 块：指生田，土块。

④ 蝼蛄[lóu gū]：俗称土狗，一种昆虫。

解说：卤水池井类型

长方形的卤水池称“池”；圆形的称“井”。井有两类：大的称“井”，小的称“缸头”。灰淋池与池井配套有三种类型：① 灰淋池—卤池；② 灰淋池—卤井；③ 灰淋池—卤缸头。见图 6-3 所示。

在二十四《担灰入淋》中，作者描绘了灰淋池和三种卤水池井，是《熬波图》中描绘最完整的池井的图，见图 6-4 所示。

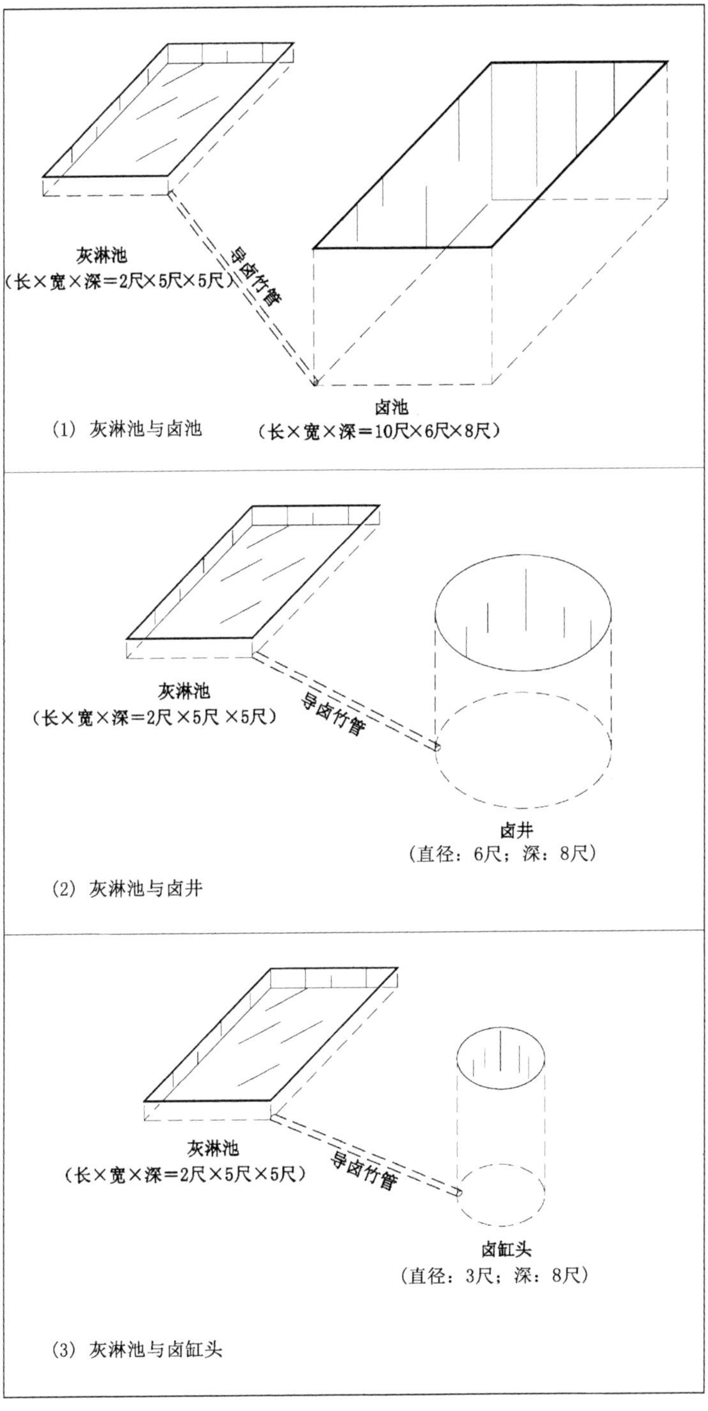

灰淋池
（长×宽×深=2尺×5尺×5尺）
导卤竹管
卤池
（长×宽×深=10尺×6尺×8尺）

（1）灰淋池与卤池

灰淋池
（长×宽×深=2尺×5尺×5尺）
导卤竹管
卤井
（直径：6尺；深：8尺）

（2）灰淋池与卤井

灰淋池
（长×宽×深=2尺×5尺×5尺）
导卤竹管
卤缸头
（直径：3尺；深：8尺）

（3）灰淋池与卤缸头

图 6-3　灰淋池与卤水池井的三种配套图

图 6-4 《担灰入淋》中类型齐全的灰淋池井图

七 《盖池井屋》

原图(补)、图说及图咏

图 7-1 《盖池井屋》原图(补)

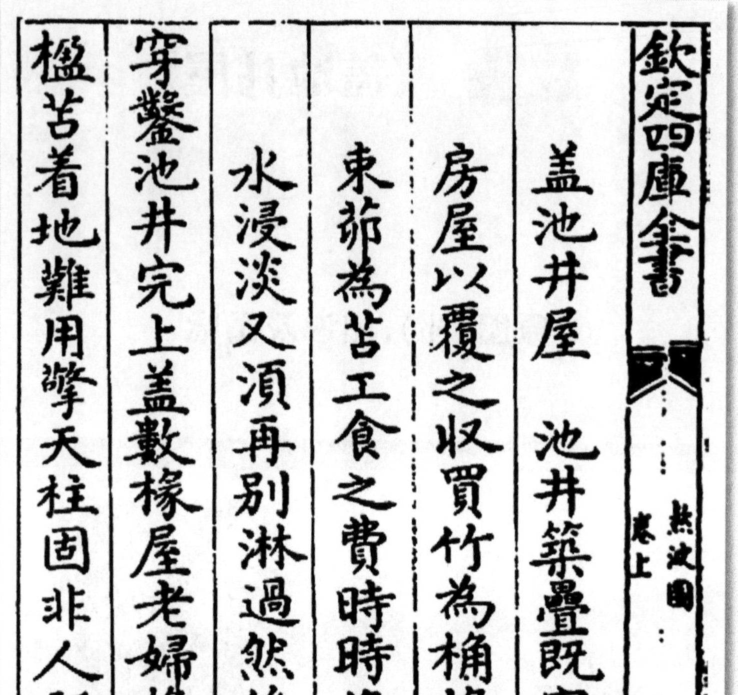

欽定四庫全書　　熬波圖　卷上

盖池井屋　池井築疊既完又忌雨損故於上造

房屋以覆之收買竹為桷椽木為梁柱織蘆為芭

東節為苫工食之費時時修葺以防雨漏若入生

水浸淡又須再別淋過然後可以煎鹽

穿鑿池井完上盖數椽屋老婦挽茅柴壯丁擔竹木簷

楹苫着地難用擎天柱固非人所居但防天雨雨

图 7-2　《盖池井屋》原图说与图咏

图说与图咏译释

《盖池井屋①》图说译文

池井筑垒后，由于担心下大雨冲刷，还要在其上盖挡雨屋。池井屋建造方式如下：用竹做桷椽②，木做梁柱，芦苇编篱笆墙，茅草编苫席盖屋顶。井屋要经常修缮，防止漏雨。如果雨水漏入池井冲淡卤水，需返工再淋，才可以煎盐。

《盖池井屋》图咏

［元］ 陈 椿

穿凿池井完，上盖数椽屋。
老妇挽茅柴，壮丁担竹木。
檐楹③苫④着地，难用擎天柱⑤。
固非人所居，但防天雨雨⑥。

注释：

① 池井屋：盖在池、井上的挡雨屋。

② 桷[jué]椽[chuán]：承托屋面的构件。圆形的是桷，方形的是椽。

③ 檐[yán]楹[yíng]：屋檐下厅堂前部的梁、柱。

④ 苫[shān]：茅草编成的覆盖物。

⑤ 擎天柱：支承房屋栋梁桁架的长条形主构件。

⑥ 雨雨：下雨漏水。

解说：经济实用的池井屋

从图说中可知，相对于灶舍，池井屋的建造就显得简单方便且经济实用。因为没有人员在池井屋居住，也不像灶舍、便仓那样需要经常在屋内劳作，所以池井屋的建造达到防雨目的即可，无论在建筑体量、尺寸大小、建筑材料等方面都力求小型简单节省。如建筑材料中用的竹桷椽、短木梁柱、芦苇篱墙和茅草屋顶等。“檐楹苫着地”且“难用擎天柱”，这样能达到既防雨，还建造方便和省钱。从使用的建筑材料、建筑高度及尺寸等方面可以看出，池井屋是比便仓和灶舍更低等级的建筑。三者比较见表 7-1 和图 7-3 所示。

表 7-1 池井屋、灶舍与便仓建造对比表

房屋类型 / 对比内容	池井屋	灶 舍	便 仓
图说描述	竹为桷椽，木为梁柱，织芦为笆，束茅为苫	收买木植、铁钉等物料。屋在壮而不在丽，故檐、楹、垂地、梁、柱、椽、桷俱。用巨木缚芦为稃铺其上，以茅苫盖，后筑短墙围裹	各灶户自备木植、砖瓦、铁钉、石灰、工食等项物料，就团内起盖仓房
图咏描述	……上盖数椽屋。 老妇挽茅柴，壮丁担竹木。 檐楹苫着地，难用擎天柱。 固非人所居，但防天雨雨	运茅上高屋，畚泥矮墙东	砖壁连屋山，瓦沟建瓴水
房屋等级	低档	中档	高档

池井屋图

灶舍图

便仓图

图 7-3 池井屋、灶舍和便仓建筑对比图

八 《开河通海》

原图、图说及图咏

图 8-1 《开河通海》原图

欽定四庫全書　熬波圖 卷上

開河通海　晒灰煎鹽灌潑攤場通船運滷全賴

海水每團各竈須開通海河道港口作壩令開月

河候取遠汛以接海潮每為沙泥壅漲淤塞每歲

亦須頻頻撈洗以深之

平地海可通要非一日勞成雲舉萬鍤落地連千鍬水

性元潤下滿溝來滔滔海水無盡時要在人煎熬

图 8-2 《开河通海》原图说与图咏

图说与图咏译释

《开河通海》图说译文

无论晒灰、煎盐、灌泼摊场，还是行船、运卤，全都依靠海水。每团各灶都要开挖通海河道，在港口筑坝。准备好涨潮时在坝上开挖月河[①]，引潮入港。每年还要经常进行河道疏浚，防止泥沙淤塞。

《开河通海》图咏

［元］ 陈　椿

平地海可通，要非一日劳。
成云举万锸[②]，落地连千锹[③]。
水性元润下，满沟来滔滔。
海水无尽时，要在人煎熬。

注释：

① 月河：在堤坝上开挖引海水流入港区的小河道。
② 锸[chā]：挖土工具。
③ 锹[qiāo]：掘地或铲东西的工具。

解说：月河截潮法

月河截潮法(一)——月河开挖

海洋潮汐是在地球、月球和太阳等天体引力作用下所产生的。在万有引力的作用下，月球和太阳对地球上的海水有引潮力。虽然太阳比月球大，但太阳到地球的距离大约是月球到地球的四百倍，所以月球对海水的引力比太阳大得多。最早确认月球引潮是北宋官员余靖，其在经典科技著作《海潮图序》中指出："潮之涨退，海非增减，盖月之所临，则水往从之。日月右转而天左旋，一日一周，临于四极。故月临卯酉则水涨乎东西，月临子午则潮平乎南北，彼竭此盈，往来不绝。"所以图说中将随潮汐而挖填的河道称"月河"。

月河截潮法实施分月河开挖和引潮截留两步进行。月河开挖工序如下：

(1) 清理引潮河港。引潮前将清理引潮河道淤泥，便于潮水引入和腾出更大空间存储海水。

(2) 修筑坝堰。在预计储存海水段的东西两头分别修筑东头堰和西头坝，其中东头堰的坝顶比涨潮的最高潮位略高。

(3) 月河开挖。在东头堰坝顶开挖数尺深的沟渠，并修整平直顺畅。这条沟渠就是月河。

(4) 备回填土。将月河开挖时挖出的土石沿河做两侧长带状堆存，以备截潮时使用。

修筑后的月河见图 8-3。

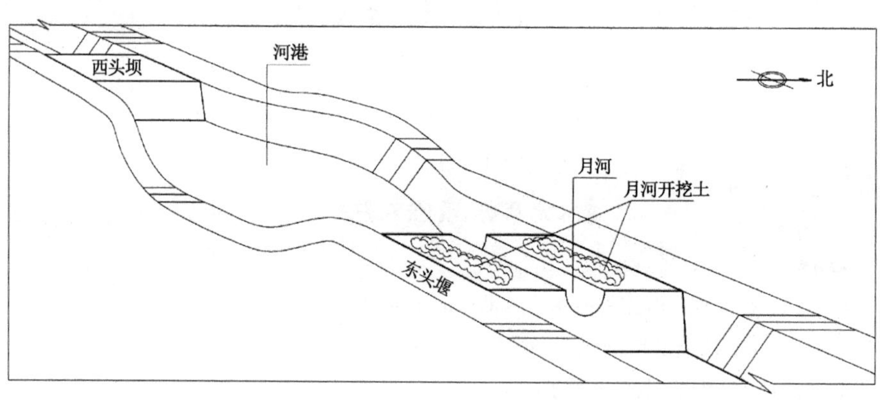

图 8-3　月河修筑示意图

（注：东头堰、西头坝见九《坝堰蓄水》的图咏）

月河截潮法(二)——引潮截留

月河开挖好后，安排好工丁准备引潮截留。具体工序如下：

(1) 探测潮汛。派工丁彻夜守候在引潮河道边，探测潮汛。发现涨潮、海水流入引潮河，就通知工丁们做好准备。

(2) 引潮入港。随着潮汛到达，海潮面逐步上涨，漫过月河流入河港，不停蓄水，直到最高潮位。

(3) 封堵月河。在海潮开始退却时，在月河两旁的工丁们推土入河封堵，截断海潮，蓄留海水。

（4）疏浚河道。退潮后，将进潮段河道疏浚，防止淤塞，以免影响下一次引潮。

月河的引潮截留过程见图 8-4 所示。

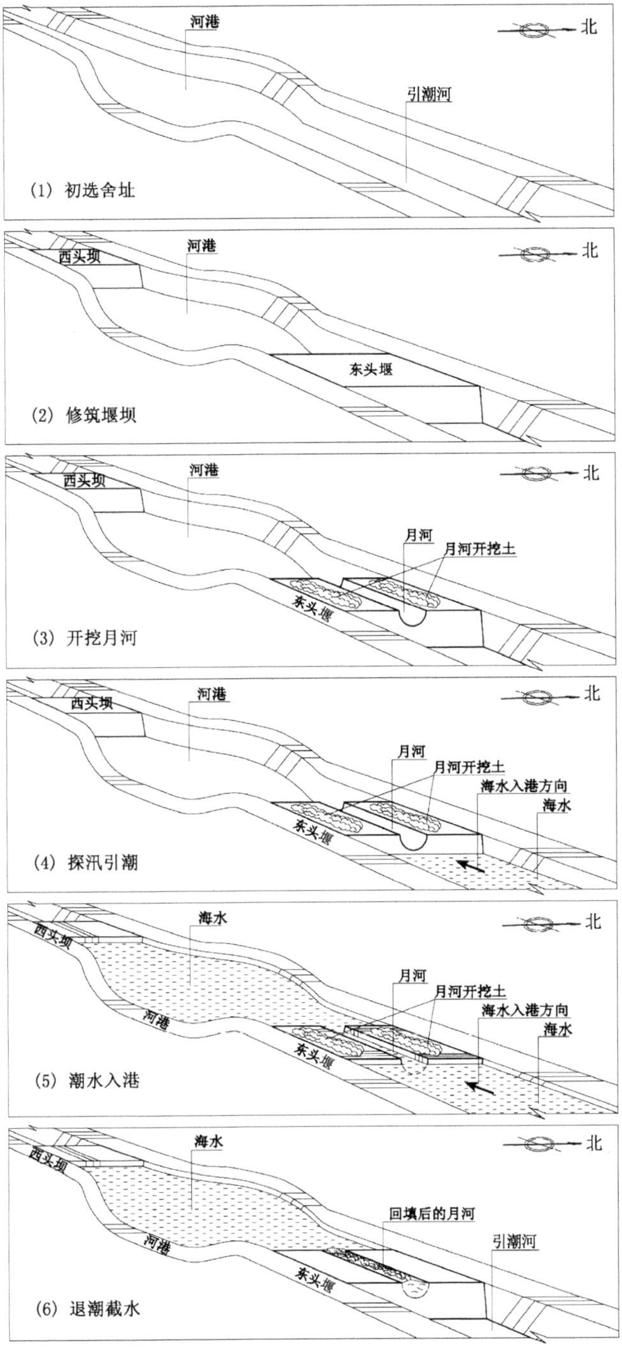

(1) 初选舍址

(2) 修筑堰坝

(3) 开挖月河

(4) 探汛引潮

(5) 潮水入港

(6) 退潮截水

图 8-4　月河截潮过程图

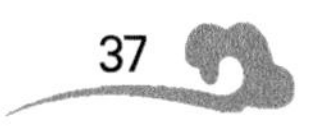

九 《坝堰蓄水》

原图(补)、图说及图咏

图 9-1 《坝堰蓄水》原图(补)

欽定四庫全書　　　熬波圖　卷上

坝堰蓄水　辦鹽全賴海潮雖是各竈開挑通海河港必於港口築捺坝堰置辦工具雇募人夫看守每遇大汛人夫俱於海邊港口風雨不移徹夜守候潮來則開月河通放候河滿仍舊運土堅捺蓄水以備朝暮澁潑晒灰潮湧則滲沒攤場水少則妨悮攤晒

今晨海多風潮水來浩瀚未作西頭坝先捺東頭堰蓄水不患多將以備烹煉復防有泛溢適中乃為善

图 9-2　《坝堰蓄水》原图说与图咏

图说与图咏译释

《坝堰蓄水》图说译文

开办盐场完全依靠海潮。各灶开挖通海河道后，还必须在河道港口处筑坝，并置办开挖工具，雇人看守。每当大汛时，人们都在海边港口，风雨无阻地彻夜守候。涨潮时开挖月河，引海水流入港区，河道水满后封堵月河蓄水，以供灌泼晒灰用。高潮期海水常常淹没摊场，而低潮期引入海水少，耽误摊晒。

《坝堰蓄水》图咏

［元］ 陈 椿

今晨海多风，潮水来浩瀚。
未作西头坝，先捺[①]东头堰。
蓄水不患多，将以备烹炼。
复防有泛溢[②]，适中乃为善。

注释：

① 捺[nà]：抑制、挡。

② 泛溢：高潮时海水泛滥，翻过坝淹没摊场。

解说：从"西头坝"及"东头堰"推测下砂盐场方位

从诗句"未作西头坝，先捺东头堰"可以推测出：

（一）引潮河为东西向河道。因为在涨潮时，如果来不及在河道中同时做好东西两头坝时，先捺东头堰，截留涨潮的海水，避免退潮时海水随潮退去；再作西头坝，将截留的海水存在河道中，供淋灰用。

（二）下砂盐场东部紧靠大海，海水从东方大海引来。今天浦东地区众多河流是东西向的，其前身都是古时下砂等地盐场东西向的引潮河道。下图《上海县地理图》为现存最早的上海古地图，见于明弘治十七年（1504 年）《上海志》中。从图中可以看见明代时下砂盐场所在的上海地区的位置。

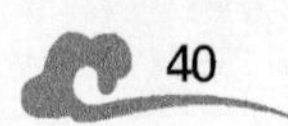

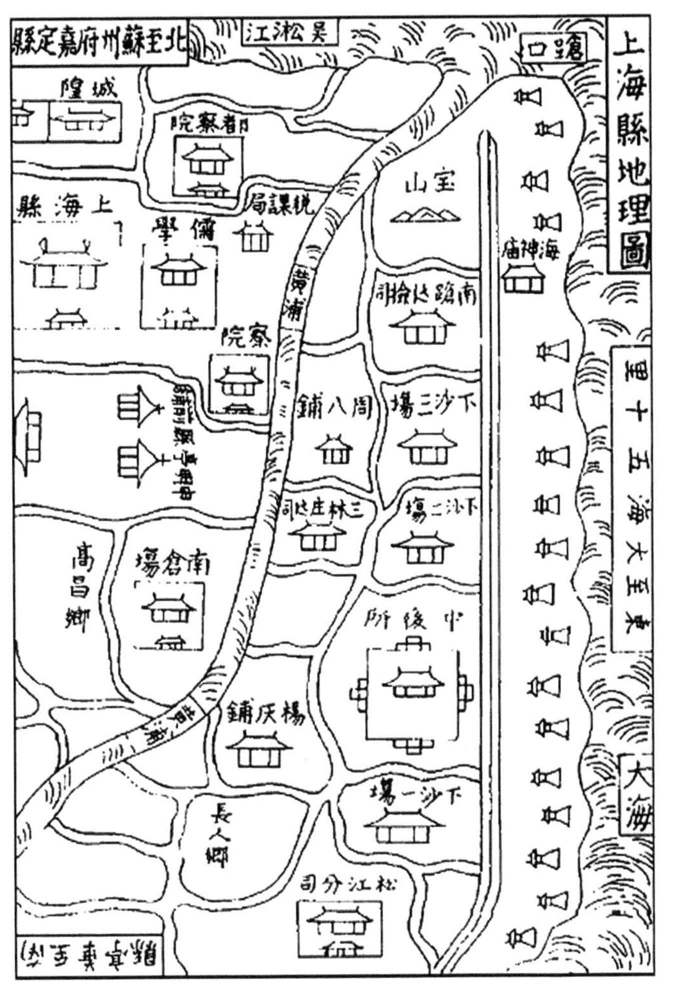

图 9-3　上海县地理图

(源自：张修桂.上海浦东地区成陆过程辨析[J].地理学报，1998，65(3).)

十 《就海引潮》

原图(补)、图说及图咏

图 10-1 《就海引潮》原图(补)

欽定四庫全書　熬波圖　卷上

就海引潮　攤場周圍雖有蓄水河溝每日澆潑灰淋滷漸見淺涸六七月久晴分外用水浩大海潮雖遇大汛亦不入港必須雇夫將帶工具就海開河引潮入港用車戽接

人言隻手河可塞我見衆力海可通東南財賦大淵藪
貨財所殖源無窮海波萬頃取無禁千夫奔歸來如風
須臾引海出平地非人之力天之功

图 10-2　《就海引潮》原图说与图咏

图说与图咏译释

《就海引潮》图说译文

摊场边虽有蓄海水河沟，但每天浇泼灰淋用量大，沟内水量日渐变少。尤其夏季6、7月份日久晴天，浇泼用水量大。即使遇到大潮汛，潮位低海水难流入河港，就必须雇工带上工具，靠海再开挖河沟，用水车戽接①，引潮入港。

《就海引潮》图咏

［元］ 陈 椿

人言只手河可塞，我见众力海可通。
东南财赋大渊薮②，货财所殖③源无穷。
海波万顷取无禁，千夫奔锸来如风。
须臾④引海出平地，非人之力天之功。

注释：

① 戽[hù]接：用水车戽斗从低处往高处提水。"水车"，也称龙骨车、翻车、踏车，古代灌溉用的农具。"戽"指水车的戽斗。

② 渊薮[sǒu]：人、财聚集的地方。"渊"原指深水的地方，"薮"原指草木茂盛的地方。

③ 殖[zhí]：经营。

④ 须臾[yú]：片刻，很短的时间。

解说：熬波是多工种、多人员协作的系统工程

熬波是一项繁杂琐碎的重体力活，工序繁多，涉及各类工种人员众多，单靠灶户盐丁是无法完成的，需要团队之间相互协作。此外，除监管、守卫外，引潮方面包括守探潮汛、车接海潮和疏浚潮沟；摊场方面包括开辟摊场、车水耕平和敲泥拾草；柴薪方面包括荡田看青、樵斫柴薪、束缚柴薪和砍斫柴生等等，都需要雇工帮忙。

水车是一种中国古老的提水灌溉工具，借助人力、畜力或水流动力作用提

水。经历了东汉的“原始人力翻车”、宋代的“筒车”到元代的各类动力“翻车”等。

低潮位季节，由于潮位低，海水难流入河港，此时就必须雇工，靠海再开挖河沟，用水车多级戽接引潮入港。水车多级戽接提水在《农书》中就提到：“若岸高三丈有余，可用三车，中间小池倒水上之，足救三丈已上高旱之田。”(《农书·卷十八》(元·王祯))

多级戽接提水概况如图 10-3 所示。

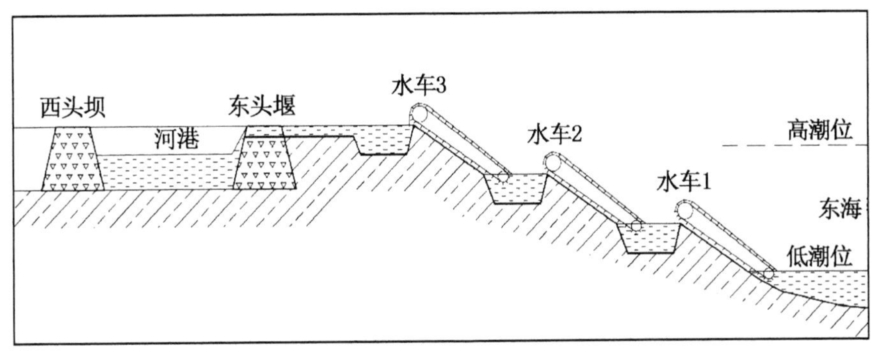

图 10-3　水车接力戽水示意图

十一 《筑护海岸》

原图、图说及图咏

图 11-1 《筑护海岸》原图

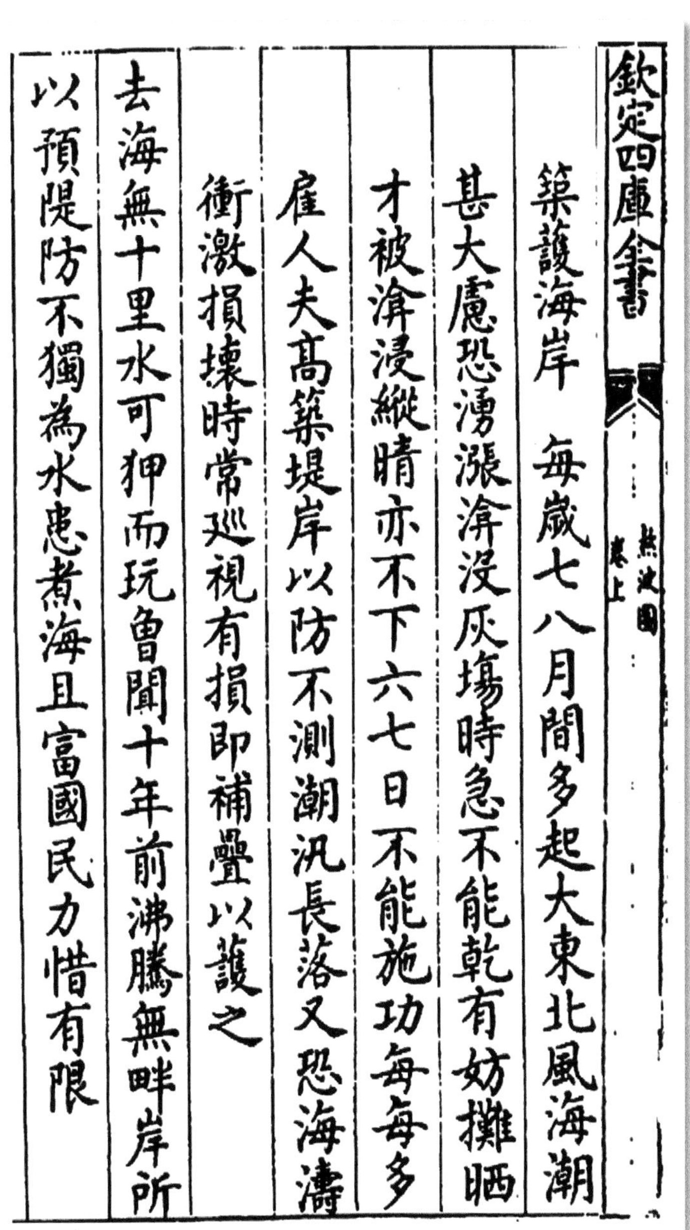
欽定四庫全書　熱波圖　卷上

築護海岸　每歲七八月間多起大東北風海潮甚大慮恐湧漲渰沒灰塲時急不能乾有妨攤晒才被渰浸縱晴亦不下六七日不能施功每每多雇人夫高築堤岸以防不測潮汛長落又恐海濤衝激損壞時常廵視有損即補疊以護之

去海無十里水可狎而玩曾聞十年前沸騰無畔岸所以預隄防不獨為水患煮海且富國民力惜有限

图 11-2　《筑护海岸》原图说与图咏

图说与图咏译释

《筑护海岸》图说译文

每年七八月常刮东北向大风，引发大潮时，担心淹没摊场妨碍摊晒，即使放晴六七日也无法进行摊晒作业。常常要多雇人手，筑高堤岸，以防不测，还要经常巡视，发现被潮水冲毁的堤岸及时修补加固。

《筑护海岸》图咏

［元］ 陈 椿

去海无十里，水可狎①而玩。
曾闻十年前，沸腾无畔②岸。
所以预提防③，不独为水患。
煮海且富国，民力惜有限。

注释：

① 狎[xiá]：戏水。

② 畔[pàn]：边。

③ 原图咏中隄防[dī fáng]，“隄”是“堤”的异体字，“堤防”本指防水的堤坝，引申为防备，今多作“提防”。

解说：护岸与海塘

图说中提到每年七八月常刮东北向大风引发大潮淹没摊场，由此也可以推知下砂盐场东靠大海。摊场由于要引潮取水，需要尽可能靠近大海修筑，因常受大风影响，需要筑护海岸和河堤。

下砂盐场所在的上海地区东濒东海，南临杭州湾。由于特殊的地理位置，沿海经常遭受台风暴潮的侵袭。为了抵御灾害和保障生命财产安全，从三国时代就开始在沿海地区人工构筑海塘。上海地区古代大型海塘主要有唐开元初年筑的古捍海塘，北宋建成的里护塘，明万历年间修筑的钦公塘和清乾隆年间修建的彭公塘等。上海主要古海塘所在位置见图 11-3 所示。

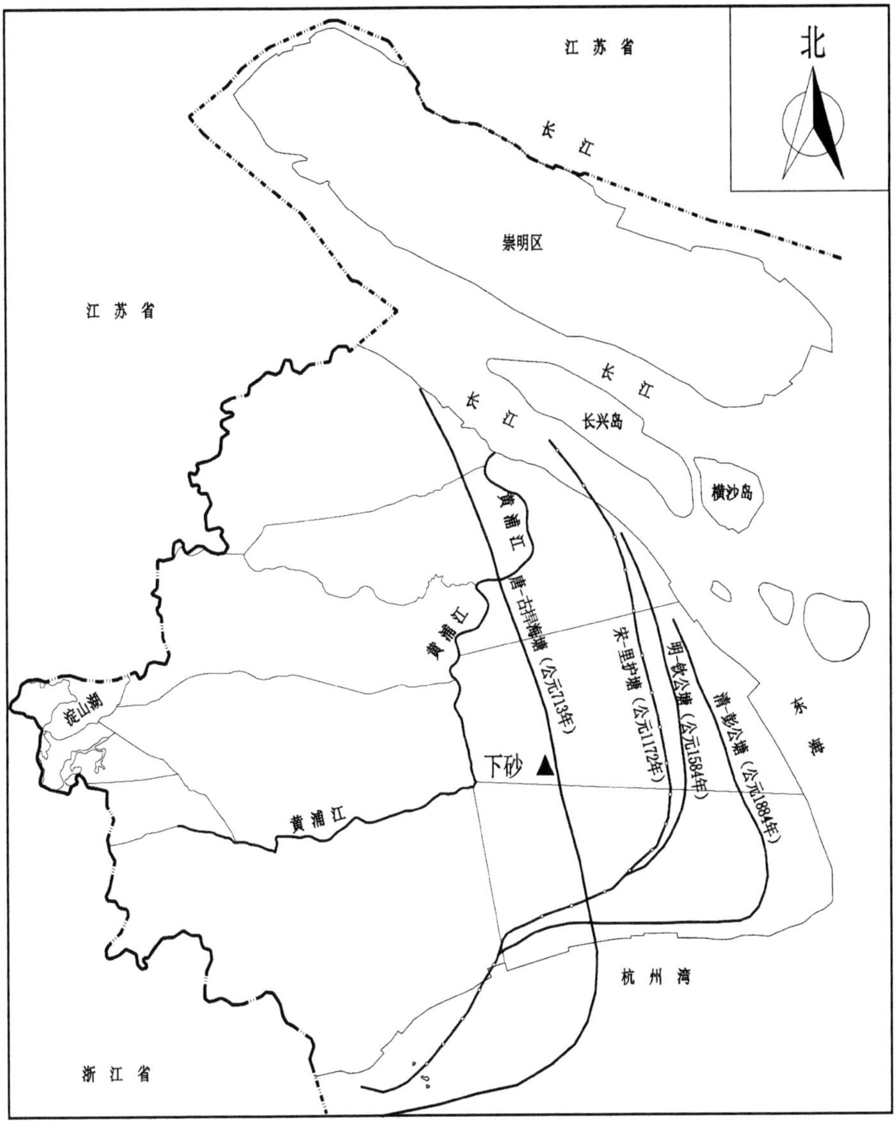

图 11-3　上海地区历代海塘所在位置示意图

（参考袁志伦. 上海海塘修筑史略[J]. 上海水利，1986(2). 绘制）

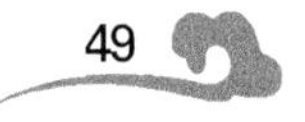

十二 《车接海潮》

原图、图说及图咏

图 12-1 《车接海潮》原图

欽定四庫全書　　熬波圖　卷上

車接海潮　五六七八月間天道久晴正當酷熱之時雖大汛潮不抵岸溝港乾涸缺水晒灰只得雇倩人夫將帶工具就海三五里開河多用水車逐級接高車戽鹹潮入港所以備竈丁掉水灌潑攤場淋灰取滷

翻翻聯聯犖犖确确東海巨蚍才脫殼滔滔車腹水逆行輥輥車聲雷大作能消幾部旱龍骨翻得陽侯波欲涸誰家少婦急工程徑上車頭泥兩脚

图 12-2　《车接海潮》原图说与图咏

图说与图咏译释

《车接[①]海潮》图说译文

每年五月至八月炎热季节的低潮期，即使大潮，海水也进不来，造成河港干涸，缺水晒灰。只得雇人带工具到海边三五里处开河沟，用水车逐级接力，戽海水入港区，满足灶丁灌泼摊场、淋灰取卤的需要。

《车接海潮》图咏

［元］ 陈 椿

翻翻联联，荦[②]荦确确，东海巨蛇才脱壳。
滔滔车腹水逆行，辊辊车声雷大作。
能消几部旱龙骨[③]，翻得阳侯[④]波欲涸。
谁家少妇急工程？径上车头泥两脚。

注释：

① 车接：用水车接力（戽水）。
② 荦［luò］：明显。
③ 龙骨：龙骨车，水车。
④ 阳侯：古代传说中的波涛之神。

解说：水车

水车，也称龙骨车、翻车、踏车、踢车、戽车，是古代灌溉用的农具。

图咏参考北宋文学家苏轼的《无锡道中赋水车》（见下），生动描述提水作业时的水车及其戽水时的状态，也感叹摊场缺水时工丁们的急切心情。

无锡道中赋水车

［宋］ 苏 轼

翻翻联联衔尾鸦，荦荦确确蜕骨蛇。

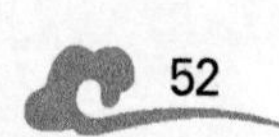

分畴翠浪走云阵，刺水绿针抽稻芽。

洞庭五月欲飞沙，鼍鸣窟中如打衙。

天公不见老农泣，唤取阿香推雷车。

水车有各种类型，最主要的是翻车和筒车，动力包括人力、畜力和水力三种类型。在农田灌溉中使用水车的情形见图 12-3 所示。

图 12-3　翻车灌溉图

（源自：王祯. 钦定四库全书・农书[M]. 北京：中国书店，2018.）

十三 《疏浚潮沟》

原图(补)、图说及图咏

图 13-1 《疏浚潮沟》原图(补)

欽定四庫全書　　熬波圖　卷上

疏浚潮溝　團竈通潮河港因渾潮上落沙泥淤
塞不時雇工開浚

潮來溝水滿潮落三寸泥十日泥三尺溝與兩岸無高
低長柄杴桶短柄鍬開深八尺過人頭但得朝朝水滿
溝一生甘作泥中鱉

图 13-2　《疏浚潮沟》原图说与图咏

图说与图咏译释

《疏浚潮沟[①]》图说译文

由于灶团的河港连通大海，浑浊的潮水涨落时，会带来大量泥沙，沉积在河港，造成河道淤塞。需要经常雇工疏浚河道，确保涨潮时海水能够顺利流入河港蓄存。

《疏浚潮沟》图咏

［元］ 陈 椿

潮来沟水满，潮落三寸泥。
十日泥三尺，沟与两岸无高低。
长柄锨楄短柄锹，开深八尺过人头。
但得朝朝[②]水满沟，一生甘作泥中鳅[③]。

注释：

① 潮沟：输送潮水流入的河沟。

② 朝朝[zhāo zhāo]：天天，每天。

③ 鳅：鳅科鱼类的统称，如泥鳅、黄鳝等。

解说：通潮河道的演变

随着陆地不断向东推移，各团盐灶也不断东迁，引潮的河道需不断疏浚才能继续引潮进团灶。这些引潮河道后来逐渐成了运盐的河道。因与盐灶相通，这些河道称为灶港，灶港一般都是东西向的。南宋年间，为保护沿海下砂、浦东等盐场免遭潮灾，修筑了里护塘。修筑海塘需要在内测开挖河道取土，海塘筑成之时河道便形成。这条河道也是南北向运盐主干河道，下砂盐场所产的盐由各灶港装船，经运盐河外运。见图 13-3 所示。

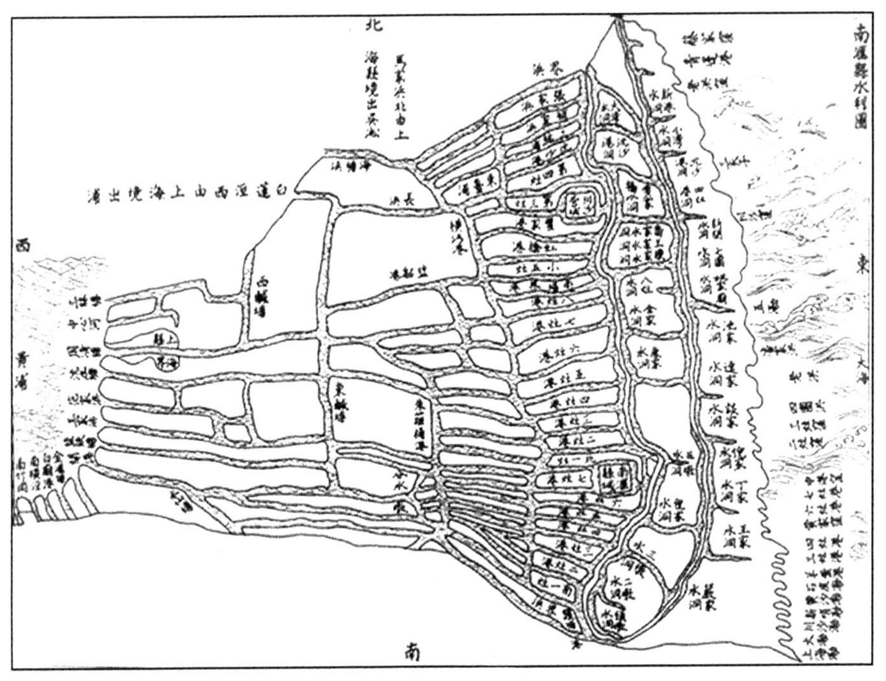

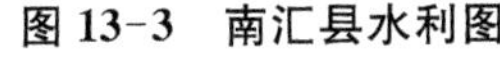
图 13-3　南汇县水利图

(源自:(清雍正)《分建南汇县志》)

十四 《开辟摊场》

原图、图说及图咏

图 14-1 《开辟摊场》原图

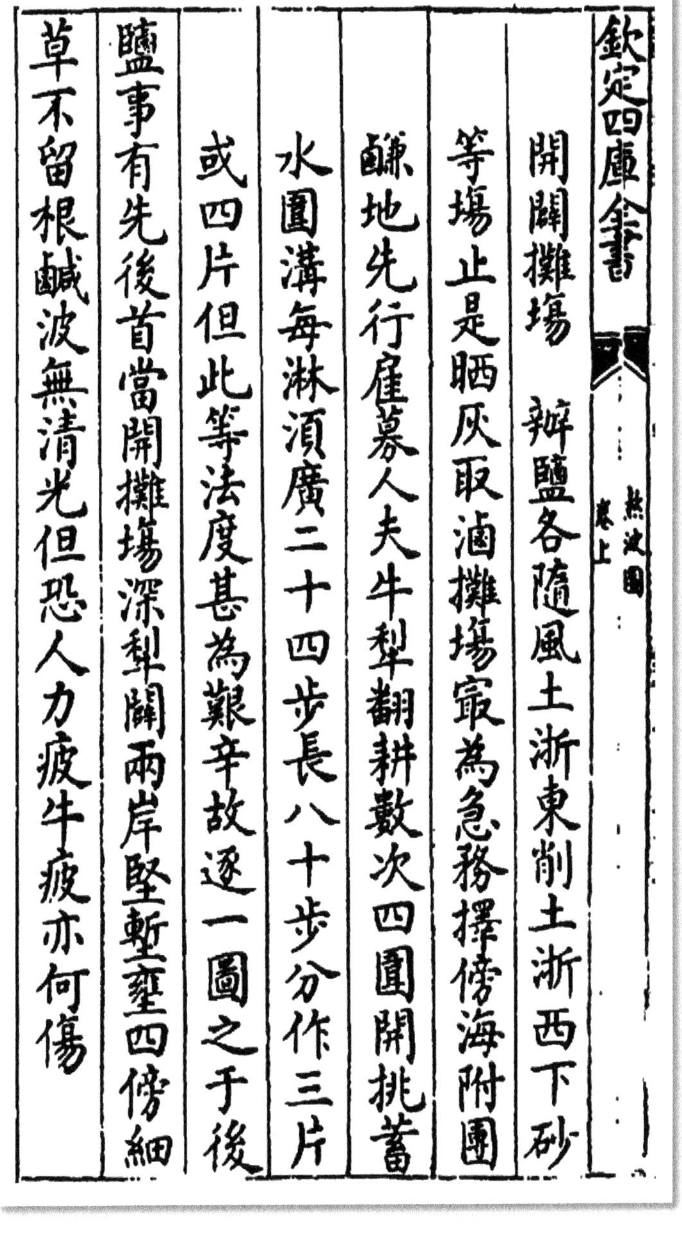

欽定四庫全書　　熬波圖 卷上

開闢攤場　辦鹽各隨風土浙東削土浙西下砂
等場止是晒灰取滷攤場最為急務擇傍海附團
鹻地先行雇募人夫牛犁翻耕數次四圍開挑蓄
水圍溝每淋須廣二十四步長八十步分作三片
或四片但此等法度甚為艱辛故逐一圖之于後

鹽事有先後首當開攤場深犁闢兩岸堅塹壅四傍細
草不留根鹹波無清光但恐人力疲牛疲亦何傷

图 14-2　《开辟摊场》原图说与图咏

图说与图咏译释

《开辟摊场[1]》图说译文

制盐方式因地制宜，浙东[2]是削土[3]淋卤，浙西下砂[4]等地是晒灰取卤，摊场是最急要修筑的。在靠海近团处，选盐碱地作摊场。雇人用牛犁地翻耕数次，四周开挖蓄水围沟。每个摊场长八十步，宽二十四步，内部再划分为三四片区。这种做法艰难复杂，将在后续图说中一一叙述。

《开辟摊场》图咏

［元］ 陈 椿

盐事有先后，首当开摊场。
深犁辟两岸，坚堑壅[5]四傍[6]。
细草不留根，咸波无清光。
但恐人力疲，牛疲亦何伤。

注释：

① 摊场：也称灰场，摊灰、晒灰、制卤的场地。

② 浙东：有关元代浙江的地理名词。北宋至道三年(997 年)置两浙路(浙东、浙西)，基本继承了唐末的两浙道，大致包括今天的浙江省全境、江苏省南部的苏州、无锡、常州、镇江四市和上海市。元代时，以南宋原两浙路为主体设立江浙行中书省。宋后，已无"两浙"实际行政区划，其后盐业管理上所称"两浙"基本沿用北宋两浙的地理概念。本文中"浙西"和"浙东"也是基于此而言。(周洪福《两浙古代盐场分布和变迁述略》)

③ 削土：刮起含盐卤的盐碱浮土，用来淋卤煮盐。

④ 下砂：在《熬波图》序中对"下砂"的记载："浙之西、华亭东，百里实为下砂。滨大海、枕黄浦、距大塘，襟带吴松、扬子二江，直走东南，皆斥卤之地。"下砂古时也称鹤沙，今称下沙，原上海市南汇区下沙镇，2002 年行政区调整后为浦东新区航头镇下沙居委会。下砂盐场的区域位置如图 14-3 所示。

⑤ 壅：隔绝。

⑥ 傍：此处读[páng]，通"旁"。

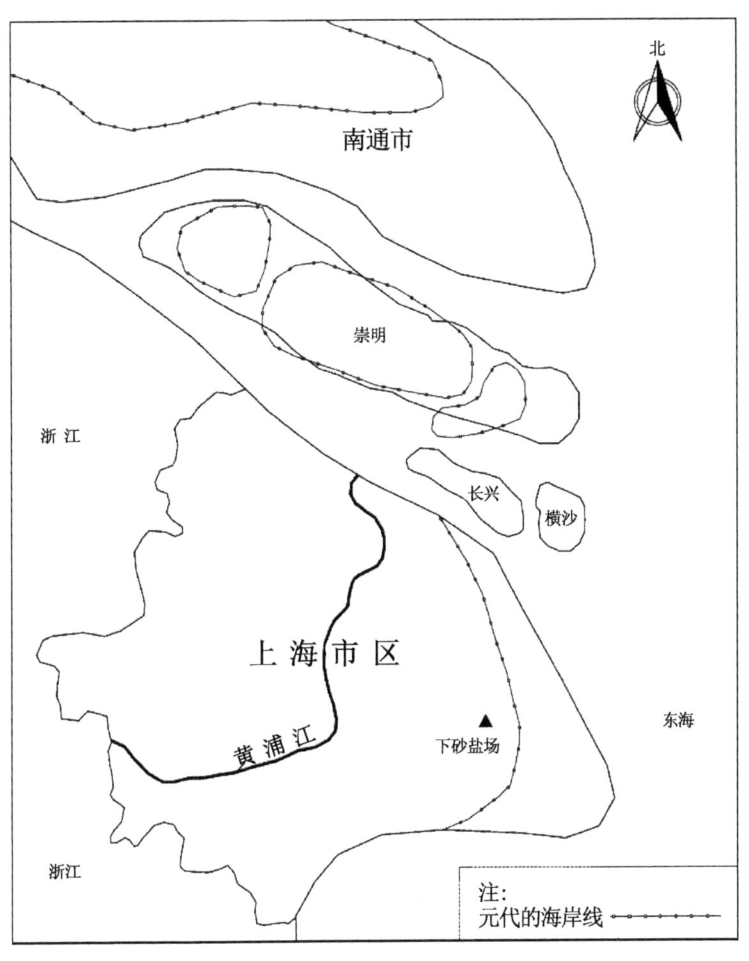

图 14-3　下砂盐场区域位置示意图

解说：晒灰摊场

如图说所言:“晒灰取卤,摊场最为急务。”摊场大小根据每次能够浇淋的范围确定,一般长八十步、宽二十四步,内部划分为三片至四片。摊场选好位置后,雇工用牛犁翻耕数遍,四周开挖蓄水围沟,各片之间也挖沟分隔。之后进行车水

耕平、敲泥拾草、海潮浸灌和削土取平等作业。摊场的平面布置如图 14-4 所示。(以三分片为例)

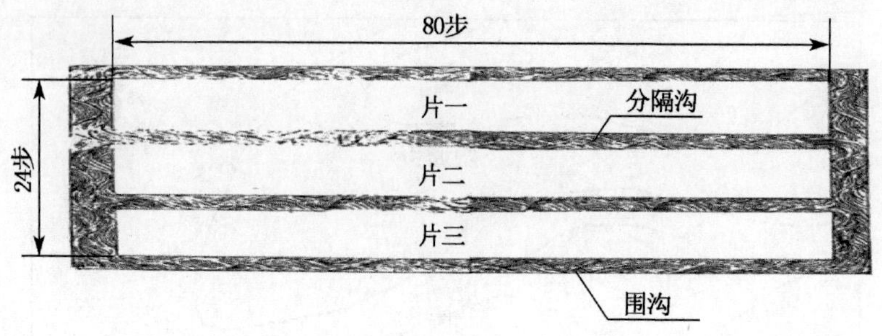

图 14-4　晒灰摊场平面布置图

十五 《车水耕平》

原图(补)、图说及图咏

图 15-1 《车水耕平》原图(补)

欽定四庫全書　　熬波圖　卷上

車水耕平　初開灰塲自數次翻耕之後雇募人夫水車牛力於上耕墾將高就低丁工亦各用鐵搭鋤匀務要平正車海内鹹潮灌浸如此數次令鹹味入骨水乾然後敲泥拾草

塲面有凸凹水力均浸灌車聲接海聲鴉尾啣欲斷將來晒灰時恐有不平患但願天公平無水亦無旱

图 15-2 《车水耕平》原图说与图咏

图说与图咏译释

《车水耕平》图说译文

初辟灰场后，雇工用水车、牛犁多次戽水翻耕，将高就低。工丁们用铁搭[①]锄匀，必须平正。然后数次用海水灌浸灰场，使海水的盐分沉积吸附在土里。待水分蒸发干燥后，敲碎泥块，拾去杂草。

《车水耕平》图咏

［元］ 陈 椿

场面有凸凹[②]，水力均浸灌。
车声接海声，鸦尾衔[③]欲断。
将来晒灰时，恐有不平患[④]。
但愿天公平，无水亦无旱。

注释：

① 铁搭：用于刨土的农具，有 4 个至 6 个略向里弯的铁齿。

② 凸凹：地面高低不平。

③ 鸦尾衔：乌鸦衔着尾羽排成列，形容水车提水板连成一串。

④ 不平患：灰场场地不平形成隐患。

解说：人力、畜力和水力的使用

《熬波图》描写的生产劳作使用了人力、畜力和水力。而在《车水耕平》补图中，将劳作中使用的三种动力汇于一图，实属罕见，如图 15-3 所示。

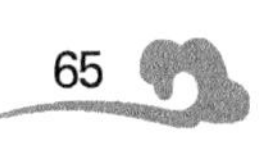

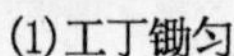

(1)工丁锄匀

(2)牛犁翻耕

(3)水车戽水

图 15-3　使用人力、畜力和水力劳作图

(《车水耕平》补图各局部)

十六 《敲泥拾草》

原图、图说及图咏

图 16-1 《敲泥拾草》原图

欽定四庫全書　　熬波圖　卷上

敲泥拾草　車水灌浸之後候乾雇募人夫須用鐵鋤将草根起拾去雜草根荄乾淨如有土塊仍用木槌一一敲碎如粉漸葺平正

拾草草葉空敲泥泥粉碎雖如鏡面平猶恐蟻穴壞十指盡皺瘃那復問肩背抛却犁與鋤平地且拾芥

图 16-2　《敲泥拾草》原图说与图咏

图说与图咏译释

《敲泥拾草》图说译文

灰场经过水车提水灌浸、晾干后，雇工用铁锄挖除杂草和根茎。如果有土块，用木槌一一敲碎成粉，最后把地面修平整。

《敲泥拾草》图咏

［元］ 陈 椿

拾草草叶空，敲泥泥粉碎。
虽如镜面平，犹恐蚁穴坏。
十指尽皲瘃[①]，那复问肩背。
抛却犁与锄，平地且拾芥[②]。

注释：

① 皲[jūn]瘃[zhú]：皲，开裂；瘃，寒冻的创伤。皲瘃指手足受冻开裂，生冻疮。
② 芥[jiè]：小草。

解说：工丁们的艰辛劳累

对于盐民们所经历的苦难生活，《熬波图》作者陈椿感同身受。在《熬波图》序末，陈椿作了《自题熬波图》诗（录自《熬波图咏》（上海市南汇区地方志办公室）），表达对盐民们辛劳的关注与同情。

自题熬波图

［元］ 陈 椿

钱塘江水限吴越，三十四场分两浙。
五十万引课重难，九千六百户优劣。
火伏上中下三则，煎远春夏秋九月。
程严赋足在恤民，盐是土人口中血。

图咏中:"十指尽皲瘃,那复问肩背。"描写了工丁们的辛劳与痛苦。《熬波图》中类似描述工丁劳作艰辛苦累的还有:二十《担灰摊晒》中"夏日苦热,赤日行天,则汗血淋漓";三十四《人车运柴》中,由于柴草消耗量大,光牛车不及运,不得不用人力挑;四十二《上卤煎盐》中"烹煎不顾寒与暑,半是灶丁流汗雨";四十三《捞洒撩盐》中"人面如灰汗如血,终朝彻夜不得歇";四十六《日收散盐》中"月月无虚申,不敢连司鹾";等等。

工丁们的艰辛劳累引发作者的同情,在十五《车水耕平》中,图咏"但愿天公平,无水亦无旱"中,作者以一语双关的方式,希望朝廷及地方官员能够公平为政,体恤盐民的辛苦。

十七　《海潮浸灌》

原图、图说及图咏

图 17-1　《海潮浸灌》原图

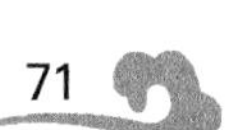

欽定四庫全書　　熬波圖　卷上

海潮浸灌　敲泥拾草之後漸已平淨又須於攤場四畔添做圍岸車戽海潮滿滿渰浸須伺日久地土弔鹹水乾則扒削開渠取平

浙東把土刮浙西將灰淋開得攤場成車引海潮浸土潤鹹花生地瘠鹹波滲煎鹽工力繁惟此艱難甚

图 17-2　《海潮浸灌》原图说与图咏

图说与图咏译释

《海潮浸灌》图说译文

敲泥拾草、整平摊场后，还须在四周围做护岸，然后用水车戽海水灌满淹浸。等候多日待泥土吸收盐分变咸，水干后挖出水渠并整水平。

《海潮浸灌》图咏

［元］ 陈　椿

浙东把土刮[①]，浙西将灰[②]淋。
开得摊场成，车引海潮浸。
土润咸花生，地瘠咸波渗。
煎盐工力繁，惟此艰难甚。

注释：

① 刮：刮削(含盐土层)。

② 灰：草木灰。

解说：淋灰取卤法中草木灰的五大性能

图咏中提到浙东和浙西制盐方法的不同："浙东把土刮，浙西将灰淋。"浙西采用淋灰取卤法，主要是利用了草木灰的五大方面的性能：

(1) 载体性能

草木灰摊铺摊场，通过湿灰后摊晒，吸附了盐分。再经过淋灰，草木灰吸附的盐分就溶入卤水中。最后将卤水入盘煎煮，就可以产出食盐。

(2) 生盐性能

利用草木灰含有的碳酸钠或碳酸钾等可溶性盐与海水的氯离子反应，生成氯化钠或氯化钾，还与钙离子或镁离子发生化学反应，在生成难溶性的碳酸钙或碳酸镁。化学表达式如下：

① $Na_2CO_3 + Ca^{2+} + Cl^- \longrightarrow CaCO_3 + NaCl$

② $Na_2CO_3 + Mg^{2+} + Cl^- \longrightarrow MgCO_3 + NaCl$

③ $K_2CO_3 + Ca^{2+} + Cl^- \longrightarrow CaCO_3 + KCl$

④ $K_2CO_3 + Mg^{2+} + Cl^- \longrightarrow MgCO_3 + KCl$

(3) 吸附性能

草木灰类似活性炭，具有吸附功能，能够去除卤水中的重金属等有害杂质，尤其是存性生灰，去除卤水杂质的能力更强。

(4) 过滤性能

淋卤过程中，草木灰还可以过滤卤水中的粗粒杂质，提高卤水质量。

(5) 提浓性能

草木灰还有吸收水分，提高卤水浓度的作用。

由此可见，草木灰在淋灰取卤法的熬波过程中起着极其重要的作用，草木灰的质量好坏直接影响煎盐的效果和成本，所以二十五《淋灰取卤》图咏中说道："灰如命脉卤如血，血与命脉相流连。"

十八 《削土取平》

原图、图说及图咏

图 18-1 《削土取平》原图

欽定四庫全書　熬波圖　卷上

削土取平　潮浸既久又湏日晒土乾工丁不問老幼各用扒鈷鋤頭剗去細草分為片段以一淋為率或三片四片於中及四圍通開淺淺小渠引水而已却就港邉做潢頭每日棹水自港頭放入小渠分流四圍以供早晚澆潑其場地宛如鏡面光淨四下坦平方可攤灰晒之如有凹凸遇雨則凹處渥乾潑水則凸處不積

潮泥不厭搗細草不厭剗四方貴勻淨一孔防漏綻牛間卧碌碡鹿過絶町畽不日即興煎鹽事不可緩

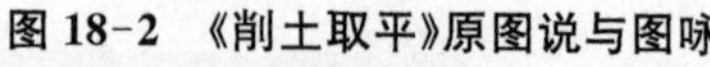
图 18-2　《削土取平》原图说与图咏

图说与图咏译释

《削土取平》图说译文

摊场灌浸海水一段时间后，日照晒干，然后工丁们用扒鍣[①]锄头，铲去小草。按一次泼淋范围把摊场划分为三四片，中间及四周开挖引水小渠。还要在河港边挖集水池，每天从港里棹水入池后流到引水小渠，供早晚浇泼用水。摊场地面要浇泼到像镜面一样光亮干净、四处平坦才可摊灰晒。如有凹凸不平，那么浇泼时凹处积水不易干而凸处不能存水。

《削土取平》图咏

［元］ 陈 椿

潮泥不厌捣，细草不厌铲[②]。
四方贵匀净，一孔防漏绽。
牛间卧碌碡[③]，鹿过绝町畽[④]。
不日即兴煎，盐事不可缓。

注释：

① 鍣[jí]：轧压。

② 原图咏中“刬”[chǎn]，同“铲”。

③ 碌[liù]碡[zhóu]：也称“碌轴”，碾压用的畜力农具。

④ 町[tǐng]畽[tuǎn]：亦作“町疃”。房舍边空地。

解说：摊场修筑繁琐且工程量大

摊场修筑工序繁多复杂，作者按照工序步骤，从十四至十八分五幅图分别叙述。摊场修筑法五大工序如图 18-3 所示。

(1) 开辟摊场

(2) 车水耕平

(3) 敲泥拾草

(4) 海潮浸灌

(5) 削土取平

图 18-3　晒灰摊场修筑五大工序图

十九 《棹水泼水》

原图、图说及图咏

图 19-1 《棹水泼水》原图

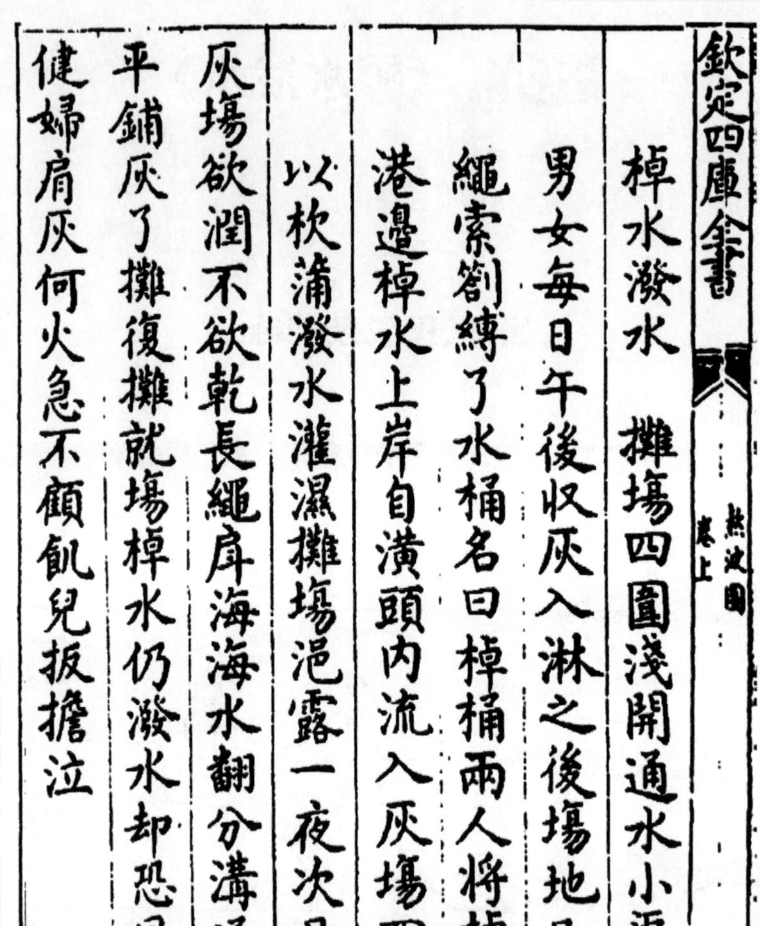

欽定四庫全書　熬波圖　卷上

棹水潑水　攤場四圍淺開通水小渠竈插不分男女每日午後收灰入淋之後場地已空晚下用繩索劄縛了水桶名曰棹桶兩人將棹桶相對於港邉棹水上岸自潢頭内流入灰場四圍渠内隨以杴蒲潑水灌濕攤場浥露一夜次日絶早攤灰

灰場欲潤不欲乾長繩戽海海水翻分溝通流護場面平鋪灰了攤復攤就場棹水仍潑水却恐風來一掃間健婦肩灰何火急不顧飢兒扳擔泣

图 19-2 《棹水泼水》原图说与图咏

图说与图咏译释

《棹水[①]泼水》图说译文

摊场四周挖好引水小渠后，灶丁不分男女，每天午后收灰完成就泼淋。然后用绳索绑扎好棹桶，两人一组，用棹桶从河港里棹水到岸上集水池，海水流入引水小渠后，用锨泼水灌湿灰场。湿润一夜后第二天一早就可以摊灰了。

《棹水泼水》图咏

［元］ 陈 椿

灰场欲润不欲干，长绳戽海[②]海水翻。
分沟通流护场面，平铺灰了摊复摊[③]。
就场棹水仍泼水，却恐风来一扫间。
健妇肩灰何火急，不顾饥儿扳担泣。

注释：

① 棹[zhào]水：用棹桶舀水。棹桶是两侧带有拉提绳索的水桶。

② 戽海：用(带长绳的)棹桶戽提海水。

③ 摊复摊：反复摊铺。

解说：工丁们艰辛繁忙也连累到孩童

《熬波图》中大量描写盐丁们的辛苦繁忙，不仅自己废寝忘食，也连累到孩童，主要有两个方面：

一方面是无暇照顾幼童。如本图咏中“健妇肩灰何火急，不顾饥儿扳担泣。”类似的画面还有：二十《担灰摊晒》中的“少妇勤作亦可哀，草间冬日眠婴孩。”二十一《筱灰取匀》中哭泣的幼童、二十三《扒扫聚灰》及二十四《担灰入淋》中无奈的孩童、四十三《捞洒撩盐》劳作中的女人背着幼童等等。

另一方面是儿童也得参加劳作。童工的情形描述见十八《削土取平》图说中“工丁不问老幼，各用扒鍩锄头，铲去细草”；二十《担灰摊晒》中“男子妇人，若老

若幼，夏日苦热，赤日行天，则汗血淋漓”和二十三《扒扫聚灰》中“工丁老幼、男女，分布场上，用扫帚、木扒扫闭，推聚成堆”；等等。

图 19-3 是孩童受连累情景的部分截图。

(1) 截自十九《棹水泼水》

(2) 截自二十《担灰摊晒》

(3) 截自二十一《筱灰取匀》

(4) 截自二十三《扒扫聚灰》

(5) 截自二十四《担灰入淋》

(6) 截自四十三《捞洒撩盐》

图 19-3　孩童受连累情景的部分截图

二十 《担灰摊晒》

原图、图说及图咏

图 20-1 《担灰摊晒》原图

欽定四庫全書　　熬波圖　卷上

擔灰攤晒　灰乃墶內淋過滷水殘灰及柈內半滅不過帶性生灰每墶日添生灰兩擔收擔入淋之時一擔鋪底一擔蓋面竈丁每日侵晨看天色晴霽逐擔挑開於攤塲上用濶木杴一名杴蒲逐一杴開攤遍男子婦人若老若幼夏日苦熱赤日行天則汗血淋漓嚴冬朔風則履霜躡氷手足皴裂悉登塲竈無敢閒惰

海天無風雲色開相呼上塲早晒灰滿塲大堆仍小堆

前擔未了後擔催少婦勤作亦可哀草間終日眠嬰孩

正苦飢腹鳴如雷轉頭饁婦從西來

图 20-2　《担灰摊晒》原图说与图咏

图说与图咏译释

《担灰摊晒》图说译文

灰包括在摊场内淋过卤水的残灰和从炉灶刚出来的生灰[①]。入淋时，摊场每片每日添加生灰两担，一担铺底而另一担盖在面层。灶丁每天拂晓看天色晴朗，就挑灰到场，用宽锹逐一铺开摊遍。灶丁们无论男女老幼，在炎热夏季都大汗淋漓，而寒冬腊月则手脚皴[②]裂，即使这样也没人敢偷懒。

《担灰摊晒》图咏

［元］ 陈 椿

海天无风云色开，相呼上场早晒灰。
满场大堆仍小堆，前担未了后担催。
少妇勤作亦可哀，草间冬日眠婴孩。
正苦饥腹鸣如雷，转头馌妇[③]从西来。

注释：

① 生灰：从炉灶里扒出没淋过卤的新鲜草木灰。

② 皴[cūn]：因受冻而使皮肤开裂。

③ 馌[yè]妇：（给田里劳作的人）送饭的妇女。

解说：字里行间辨知摊场方位

《熬波图》作品中描述的方位感很准确，说明作者经常亲身实地踏勘。描述方位的图说有：三《起盖灶舍》图咏的“何以门东南，盖以朝其风”；九《坝堰蓄水》图咏的“未作西头坝，先捺东头堰”；十一《筑护海岸》图说的“每岁七八月间多起大东北风”和二十《担灰摊晒》图咏的“正苦饥腹鸣如雷，转头馌妇从西来”；等等。如果馌妇从东来，那就是从东部的东海上来了，那就会使人感到奇怪了。

摊场及坝堰布置的方位如图 20-3 所示。

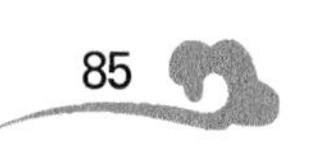

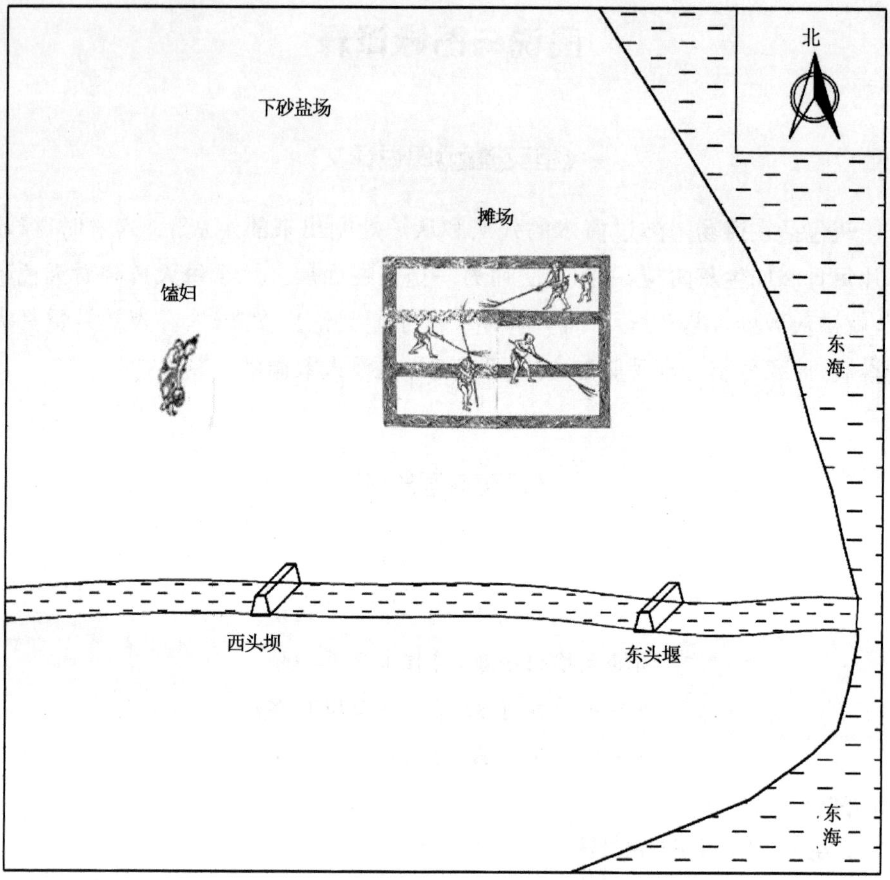

北

下砂盐场

摊场

馌妇

东海

西头坝

东头堰

东海

图 20-3　摊场及其布置方位示意图

二十一 《筱灰取匀》

原图、图说及图咏

图 21-1 《筱灰取匀》原图

欽定四庫全書　　熬波圖　卷上

篠灰取勻　篠竿以竹為之大竹一竿為柄長六尺上縛小竹三根或兩根凡晒灰先用濶木杴攤之後各用篠竿分頭於所攤灰處篠開均勻不致厚薄易於結鹹若篠不勻則厚薄不能成鹹

築場纔罷隨上灰灰如細塵地如席更持長篠輕拂拂灰中莫有塊與核一片灰場幾經手壯者尫羸肥者瘠飛揚最怕海邊風不怕天邊日頭赤

图 21-2　《筱灰取匀》原图说与图咏

图说与图咏译释

《莜[①]灰取匀》图说译文

筱竿用竹子做的，其柄是长 6 尺的大竹竿，上面绑 2 根或 3 根的小竹枝。晒灰时，先用宽锨把灰摊平，然后用筱竿分头在摊灰处均匀铺开。如果筱灰不匀，则摊灰厚薄不一，卤水难于变浓。

《莜灰取匀》图咏

［元］ 陈　椿

筑场才罢随上灰，灰如细尘地如席。
更持长筱轻拂拂，灰中莫有块与核。
一片灰场几经手，壮者尪羸[②]肥者瘠[③]。
飞扬最怕海边风，不怕天边日头赤。

注释：

① 筱[xiǎo]：小竹枝。

② 尪[wāng]羸[léi]：尪亦作"尫"，指脊背骨骼弯曲。羸，指瘦弱。尪羸，指身体虚弱。

③ 瘠：消瘦。

解说：筱灰是项技术活

筱灰取匀看似简单容易，实际上是一项技术活。首先，筱竿很长，手执掌控不易，灵活操作更难。其次，草灰如细尘般干燥，既要挑结块的灰核，还要厚薄一样的摊匀，着实不容易。此外，筱竿是用大竹竿上绑二三根小竹枝，每一次筱灰的面积很小，因此筱灰的工作量很大，不然怎么会"一片灰场几经手，壮者尪羸肥者瘠"。

《熬波图》下卷

二十二 《筛水晒灰》

原图、图说及图咏

图 22-1 《筛水晒灰》原图

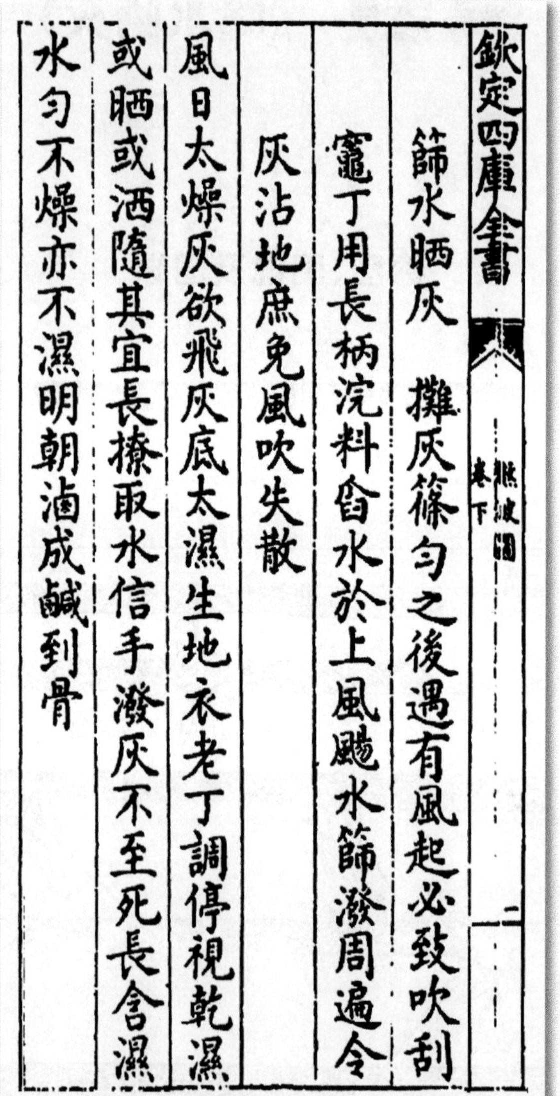

欽定四庫全書　熬波圖 卷下　二

篩水晒灰　攤灰篠勻之後遇有風起必致吹刮竈丁用長柄浣料畚水於上風飏水篩潑周遍令灰沾地庶免風吹失散

風日太燥灰欲飛灰底太濕生地衣老丁調停視乾濕或晒或洒隨其宜長撩取水信手潑灰不至死長含濕水勻不燥亦不濕明朝滷成鹹到骨

图 22-2　《篩水晒灰》原图说与图咏

图说与图咏译释

《筛水晒灰》图说译文

摊灰筱匀之后，遇到刮风时会把灰吹飞，此时灶丁要用长柄浣料[1]舀水，在灰场上风处，扬水筛泼周边，使灰湿润粘地，避免被风吹散。

《筛水晒灰》图咏

［元］ 陈 椿

风日太燥灰欲飞，灰底太湿生地衣。
老丁调停视干湿，或晒或洒随其宜。
长撩[2]取水信手泼，灰不至死长含湿。
水匀不燥亦不湿，明朝卤成咸到骨。

注释：

① 浣[huàn]料：盛水用的水斗。

② 撩[liāo]：舀水由下往上泼出去。

解说：晒灰亦有高低手

晒灰是熬波制盐的关键环节，晒出来灰的质量既影响淋卤的质量，也决定是否可以采用高效的“撩盐之法”，所以尽管“千夫上场争晒灰”，但“晒灰亦有高低手”。晒灰要保持灰不至于太干或者太湿，太干容易被风刮飞，即所谓“飞扬最怕海边风”，太湿则像地衣一样贴底。对晒灰湿度的掌握相当重要，掌控得好，才能使晒出来的灰“明朝卤成咸到骨”。

二十三 《扒扫聚灰》

原图、图说及图咏

图 23-1 《扒扫聚灰》原图

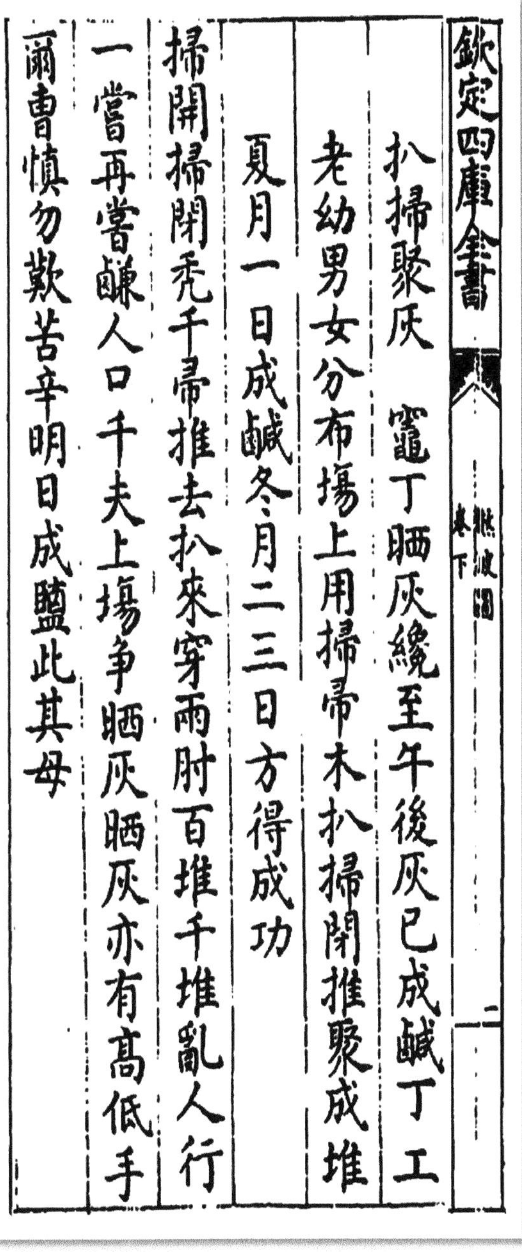

欽定四庫全書　熬波圖　卷下　二

扒掃聚灰　竈丁晒灰纔至午後灰已成鹹丁工老幼男女分布場上用掃帚木扒掃閧推聚成堆夏月一日成鹹冬月二三日方得成功

掃開掃閧禿千帚推去扒來穿兩肘百堆千堆亂人行一嘗再嘗醎人口千夫上場争晒灰晒灰亦有高低手爾曹慎勿歎苦辛明日成鹽此其母

图 23-2　《扒扫聚灰》原图说与图咏

图说与图咏译释

《扒扫聚灰》图说译文

一般到了正午后，灰就达到可淋卤的咸度。之后，工丁无论男女老幼，在摊场上用扫帚、木扒[①]扫灰聚拢成堆。夏季晒灰一天就可成咸灰，冬季则需要 2 天至 3 天。

《扒扫聚灰》图咏

［元］ 陈 椿

扫开扫闭秃千帚，推去扒来穿两肘。
百堆千堆乱人行，一尝再尝醎[②]人口。
千夫上场争晒灰，晒灰亦有高低手。
尔曹[③]慎勿叹苦辛，明日成盐此其母。

注释：

① 木扒[pá]：木耙。

② 醎[jiǎn]：咸。

③ 尔曹：你们。

解说：淋灰取卤法

元代沿海各地制盐方法各不相同，如十四《开辟摊场》所言："办盐各随风土，浙东削土，浙西下砂等场止是晒灰取卤。"淋灰取卤法是《熬波图》的核心技术，如何淋制出合格的卤水，是整个熬波工艺的关键。淋灰取卤法的工序步骤如下：

（1）开辟摊场

① 场址选择：在介于大海和灶团之间，选择较平坦的盐碱滩地做场址。

② 分区划片：根据淋灰规模确定灰场大小，划分片区与沟渠。

③ 牛犁翻耕：用牛犁地，翻耕数次，使摊场地面平整。

④ 开挖沟渠：开挖灰场外围四周沟渠。

(2) 车水耕平

① 戽水翻耕：用水车、牛犁多次戽水翻耕，将高就低。

② 人工摊平：在牛犁耕平基础上，人工用铁搭锄匀，平整灰场。

③ 车水浸灌：水车戽水，数次用海水灌浸灰场，使海水的盐分沉积吸附在土里。

④ 敲泥拾草：灰场经灌浸晾干后，人工挖除杂草和根茎，用木槌敲碎土块，修齐平整。

(3) 海潮浸灌

① 四周围岸：将灰场四周围土墙，以存海水浸灌。

② 车水灌浸：用水车戽海水灌满淹浸灰场，等候多日待泥土吸收盐分变咸。

③ 开渠取平：水干后扒除土墙，修整四周沟渠并取平。

(4) 削土取平

① 灰场清草：人工用扒鉗锄头，铲去灰场上的小草。

② 分片开渠：按一次泼淋范围把灰场划分为 3 片或 4 片，中间及四周开挖小渠。

③ 开挖池渠：在河港边开挖集水池，同时从集水池至灰场小渠开挖引水渠。

(5) 棹水泼水

① 河港棹水：两人一组，用棹桶从河港棹水入集水池，再流至灰场小渠。

② 泼水浇场：将小渠的海水用锨浇泼灌湿灰场，浇泼至地面像镜面一样光亮干净、四处平坦为止。

(6) 担灰摊晒

① 担灰摊铺：晴朗天的每天拂晓，灶丁们挑灰到场，用宽锨逐一铺开摊平。

② 筱灰取匀：用筱竿分头在摊灰处均匀铺开。

③ 浸灰晒灰：从小渠引海水浸泡灰场的灰，之后晒灰。晒灰过程中，要不停地筱灰取匀，筛水湿润防止灰扬。

④ 扒扫聚灰：到正午后，测试灰达可淋卤咸度后，在灰场上用扫帚、木扒扫灰聚拢成堆。

(7) 担灰入淋

① 担灰摊铺：在灰淋池中，先用一担生灰铺底，然后倒入所晒咸灰，满后再用一担生灰盖在表面，用脚踩踏坚实。

② 咸水淋灰：在灰堆顶部放一把草，舀咸水从草把上浇淋。根据咸灰的咸淡程度确定淋水量。

③ 淋灰取卤：淋灰产生的咸卤从灰淋池底流入池边卤井里。用莲管测试卤水浓度。

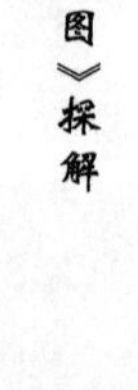

二十四 《担灰入淋》

原图、图说及图咏

图 24-1 《担灰入淋》原图

欽定四庫全書　　熬波圖　卷下　　二

擔灰入淋　灰已掃聚成堆纍纍滿場每淋約三十擔以灰場闊狹淋墶大小為則各各挑擔入淋先用生灰一擔鋪底却着所晒鹹灰傾入滿了又用生灰一擔盖面用脚躧踏堅實實則滷易流虛則滷不下却束草一把於上然後以浣料舀鹹水自東草上澆淋使灰不為水衝動用水之多少酌量灰之鹹淡為準

一淋灰半濕再淋灰欲泣三淋四淋灰底透竹筧通池
如雨集閘投石蓮就滷試三蓮四蓮直沉入丁夫閘少
辛苦多却恐無灰可相接

图 24-2　《担灰入淋》原图说与图咏

图说与图咏译释

《担灰入淋》图说译文

把摊灰聚扫成堆，堆积在摊场。每次淋约30担灰，根据灰场宽窄和分片大小，担灰入淋。先用一担生灰铺底，然后倒入所晒咸灰，满后再用一担生灰盖在表面，用脚踩踏坚实。踏实的灰堆卤水容易流出，否则会积存难于流出。在灰堆顶部放上一把草，用浣料舀咸水从草把上浇淋，避免把灰冲刷掉。根据咸灰的咸淡程度确定淋水量。

《担灰入淋》图咏

［元］ 陈 椿

一淋灰半湿，再淋灰欲泣。
三淋四淋灰底透，竹笕[①]通池如雨集。
闲投石莲[②]就卤试，三莲四莲[③]直沉入。
丁夫闲少辛苦多，却恐无灰可相接。

注释：

① 笕[jiǎn]：引卤水的长竹管。

② 石莲：莲管秤里的石莲子，是用睡莲科植物莲的干燥老熟果实加工而得。

③ 三莲四莲：指莲管秤里的三个、四个石莲。

解说：莲管秤试法（一）——莲管制作

莲管，是元代专门用于测试卤水浓度的器具，也是中国古代较早的液体比重计。莲管制作方法如下：

（1）采制石莲子：采摘质量好的合格莲子，晾干制作石莲子。

（2）处理石莲子：将石莲子埋于淤泥内，浸透后晾干备用。

（3）配制四等卤水：按照纯饱和卤水（“最咸”卤水）、三份饱和卤水兑一份水、饱和卤水和水各半、一份饱和卤水兑两份水分别配制第一、二、三、四等卤水。

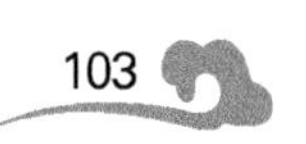

(4) 制测试莲子：将处理好的石莲子分四类，分别浸泡入上述配制好的四等卤水中，制成四类测试莲子。

(5) 制作莲管：将浸泡好的四类测试莲子各取一颗放入竹管内，用竹丝封口防止石莲子掉落，莲管即制成。

制成的莲管如图 24-3 所示。

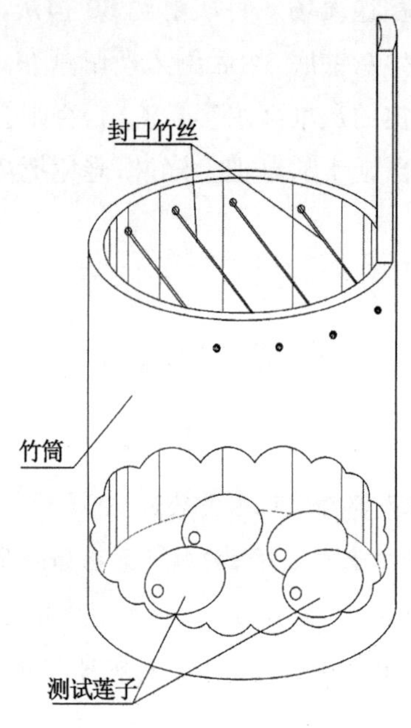

图 24-3　莲管图

二十五 《淋灰取卤》

原图、图说及图咏

图 25-1 《淋灰取卤》原图

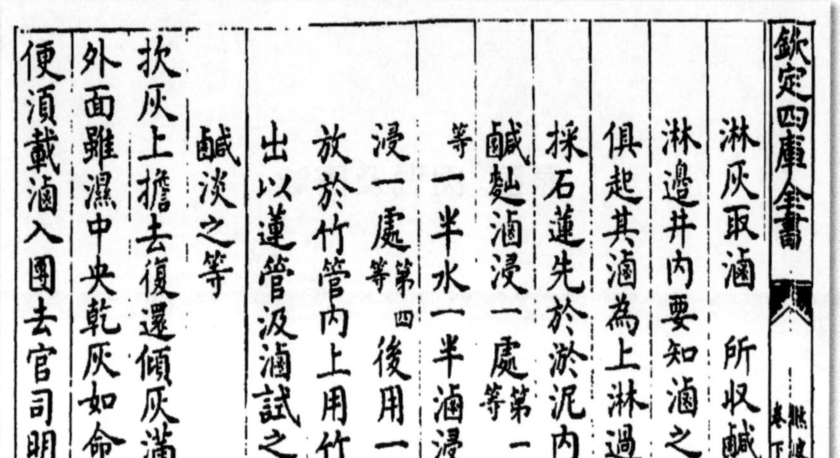

欽定四庫全書　　熬波圖 卷下　　二

淋灰取滷　所收鹹灰入淋澆水足則下滷流入
淋𨷲井內要知滷之鹹淡必用蓮管秤試如四蓮
俱起其滷為上淋過淡灰次日再晒　管蓮之法
採石蓮先於淤泥內浸過用四等滷分浸四處最
鹹魁滷浸一處第一等　三分滷浸一分水浸一處第二
等　一半水一半滷浸一處第三等　一分滷浸二分水
浸一處第四等　後用一竹管盛此四等所浸蓮子四
放於竹管內上用竹絲隔定竹管口不令蓮子漾
出以蓮管汲滷試之視四管蓮子之浮沉以別滷
鹹淡之等

抶灰上擔去復還傾灰滿淋高如山小池畜水待澆潑
外面雖濕中央乾灰如命脉滷如血血與命脉相流連
便須載滷入團去官司明日催裝柈

图 25-2　《淋灰取卤》原图说与图咏

图说与图咏译释

《淋灰取卤》图说译文

将收集的咸灰倒入灰淋池浇淋，卤从池底流入边上的井里。用莲管测试井内卤水咸淡程度：莲管内四颗石莲都浮起时为上等最咸卤水。淋后的淡灰次日再晒。

莲管制法：把淤泥浸过的石莲分别浸泡四等卤水：一等卤水（全卤）、二等卤水（3 份卤兑 1 份水）、三等卤水（卤、水各半）和四等卤水（1 份卤兑 2 份水）。再用竹管盛放四等石莲各一粒，竹丝封口即成莲管。将待测卤水倒入莲管中，根据四颗石莲的沉浮情况确定卤水的咸淡等级。

《淋灰取卤》图咏

［元］ 陈 椿

栉① 灰上担去复还，倾灰满淋高如山。
小池畜水待浇泼，外面虽湿中央干。
灰如命脉卤如血，血与命脉相流连。
便须载卤入团去，官司明日催装盘。

注释：

① 原图咏中抶［zhì］，同“栉”，耙。

解说：莲管秤试法（二）——卤水检测

莲管制成后，就可以进行卤水浓度测试了。测试方法如下：

舀取待测试卤水倒入莲管中，看四颗石莲的沉浮情况，来确定卤水的咸淡等级：四颗测试莲子分别浮起 4 颗、3 颗、2 颗和 1 颗，则对应的卤水为最咸卤、次咸卤、一般咸卤和最淡卤。测试莲子的沉浮对应的卤水浓度如图 25-3 所示。

莲管秤试法的原理与今天使用的比重计相似，测试莲子类似于比重计的浮体。用莲管秤试法测试卤水浓度，还可以决定所测试卤水是否需要进一步煎煮，

这样可以节约燃料和盐丁的劳动工作量。

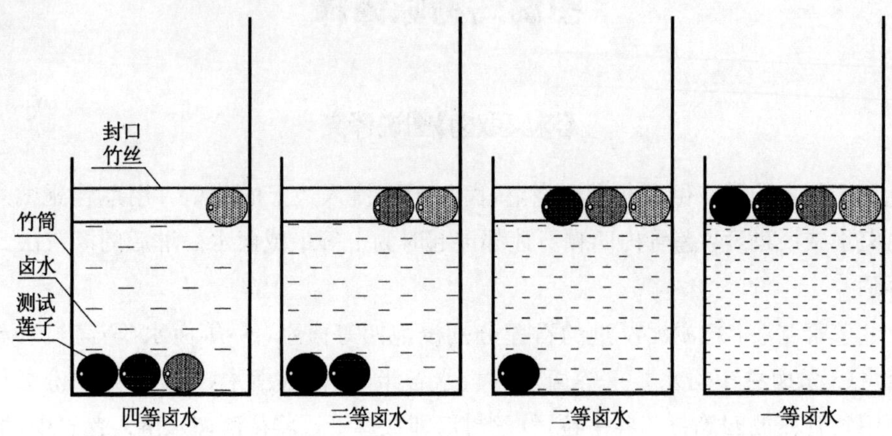

图 25-3　用莲管秤试法测试卤水浓度示意图

二十六 《卤船盐船》

原图、图说及图咏

图 26-1 《卤船盐船》原图

欽定四庫全書　熬波圖　卷下　二

滷船鹽船

滷船運滷入團鹽船載鹽上倉滷船其身淺易於牽運鹽船上有推槽撤板鎖封關防

船艕（艕同榜並船也）官為印烙

大船（船音貂吳船也）小船名雖共鹽船滷船各適用滷船淺淺搆作艙鹽船實實裝其䑠（䑠音洞博雅舟名）灰滷附團便且輕鹽艖到倉遠而重也無橈槳與風帆篾纜牛牽運防送

图 26-2 《卤船盐船》原图说与图咏

图说与图咏译释

《卤船盐船①》图说译文

卤船用于将摊场卤水运至灶团，而盐船用于将盐从灶团运至总仓。卤船船身吃水浅，易于牵引运输。盐船有槽板仓可以封闭加锁，多艘船还要绑靠一起，贴封官印。

《卤船盐船》图咏

［元］ 陈　椿

大船小船名虽共，盐船卤船各适用。
卤船浅浅构作舱，盐船实实装其舸②。
灰卤附团便且轻，盐鹾③到仓远而重。
也无桡④桨与风帆，篾⑤缆牛牵运防送。

注释：

① 船[diāo]：小船，吴船的一种，专用于运盐。
② 舸[tóng]：装载仓。
③ 鹾[cuó]：盐。
④ 桡[ráo]：桨，楫。
⑤ 篾[miè]：可编席子、篮子等的薄竹片。

解说：《熬波图》中的吴船

《熬波图》中提到的吴船有四种：盐船、卤船、舠和艚，其中专门介绍了卤船和盐船。卤船用于运卤，船身吃水浅，便于人拉牛牵；盐船用于运盐，船身有槽仓，便于封锁。两船如图 26-3 所示。

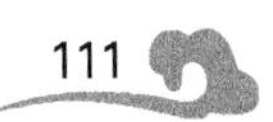

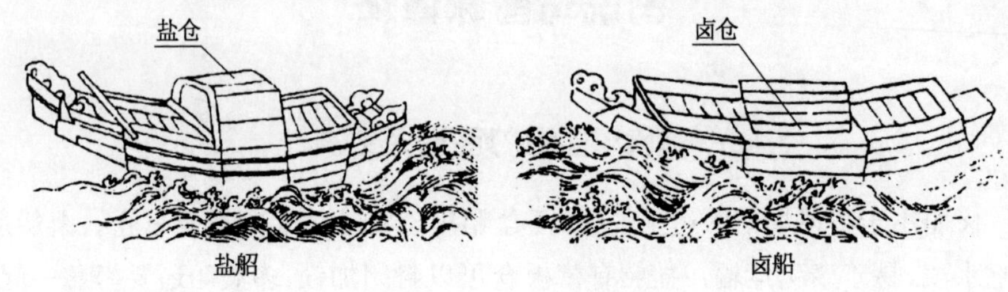

图 26-3　盐船和卤船图

二十七 《打卤入船》

原图、图说及图咏

图 27-1 《打卤入船》原图

欽定四庫全書　　熬波圖　卷下　　二

打滷入船　撵運滷船至灰場邉河内泊住工丁用浣料將井内淋到滷水用竹管引流放入船用

牛牵運至團

大池小池無着處相呼上滷入團去舡船滿載百餘石艚船塞港百餘隻看船人丁暫得閑牵牛從此無餘力寂喜長年老怕事滿船不敢偷涓滴

图 27-2 《打卤入船》原图说与图咏

图说与图咏译释

《打卤入船》图说译文

把运卤船牵拉到灰场河边，停泊在河道上。工丁用浣料把井内存储的卤水舀起，倒入竹管流进卤船。卤船装满后，用牛牵引至灶团卸卤。

《打卤入船》图咏

［元］ 陈　椿

大池小池无著处[①]，相呼上卤入团去。
舯船[②]满载百余石[③]，艚船[④]塞港百余只。
看船人丁暂得闲，牵牛从此无余力。
最喜长年老怕事，满船不敢偷涓滴。

注释：

① 著处：空余（可存卤）处。
② 舯船：一种船名。
③ 石：古代重量的计量单位。
④ 艚船：一种船名。

解说：鼎盛期下砂盐场的运卤场景

从唐代开始，海水制盐业就迅速发展，元代达到鼎盛。下砂盐场是当时中国沿海大盐场之一。本图咏描绘了当时下砂盐场运卤入团的盛况——“大池小池无著处，相呼上卤入团去。舯船满载百余石，艚船塞港百余只。”

二十八 《担载运卤》

原图、图说及图咏

图 28-1 《担载运卤》原图

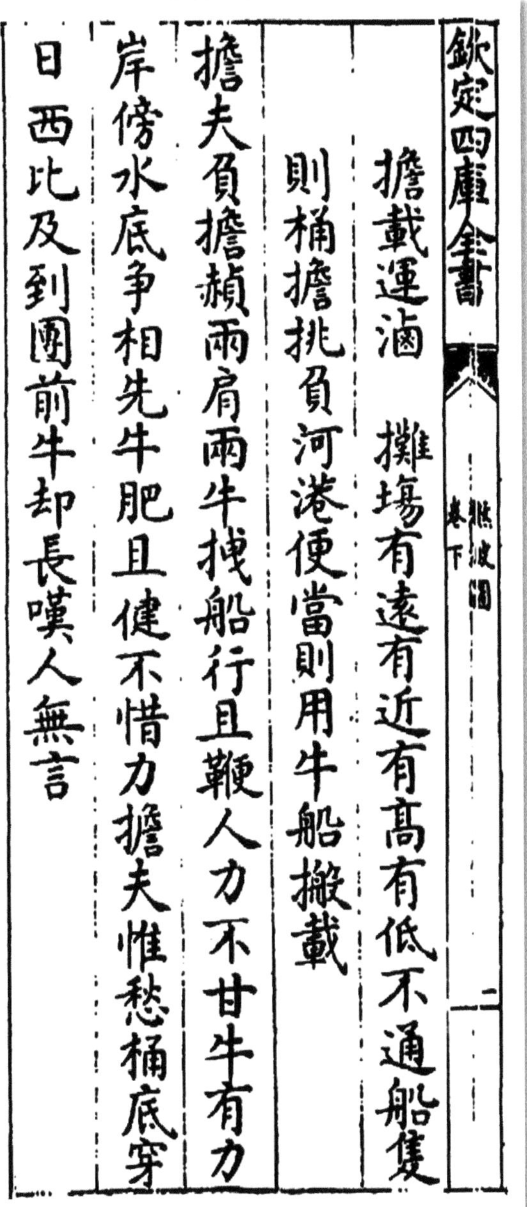
欽定四庫全書　熬波圖　卷下　二

擔載運滷　攤場有遠有近有高有低不通船隻則桶擔挑負河港便當則用牛船搬載

擔夫負擔頳兩肩兩牛拽船行且鞭人力不甘牛有力
岸傍水底爭相先牛肥且健不惜力擔夫惟愁桶底穿
日西比及到團前牛卻長嘆人無言

图 28-2 《担载运卤》原图说与图咏

图说与图咏译释

《担载运卤》图说译文

由于摊场远近、高低各不相同，不通船的摊场，运卤就得肩挑桶担；有河道通达的，则用牛牵船运卤。

《担载运卤》图咏

［元］ 陈 椿

担夫负担赪[①]两肩，两牛拽船行且鞭。
人力不甘牛有力，岸傍水底争相先。
牛肥且健不惜力，担夫惟愁桶底穿。
日西比及到团前，牛却长叹人无言。

注释：

① 赪[chēng]：赤、红色。

解说：苦中作乐

尽管工丁们艰辛劳累，也挡不住他们乐观向上的心态。本图咏中“人力不甘牛有力，岸傍水底争相先”的诙谐、五《裹筑灰淋》中小歇对弈的娱乐和四十四《干盘起盐》中“水晶三角片”“蒸饼十字裂”的联想，“正愁天上多苦雾，却喜海滨有咸雪”，等等，体现了工丁们苦中作乐的心态。

二十九　《打卤入团》

原图、图说及图咏

图 29-1　《打卤入团》原图

欽定四庫全書　　熬波圖　卷下　　二

打滷入團　牛船載滷至團邊港内泊住工丁將縮料就船舀起滷水傾於墻脚下元置竹管内引放入團中從各枝分小渠内流入各池中停頓

團前運滷船銜尾上滷分溝入團裏長筧短筧斷復連行地滔滔如注水今年天道好晒灰那更淋灰清徹底試來入口十分鹹守煎歡賞管煎喜

图 29-2 《打卤入团》原图说与图咏

图说与图咏译释

《打卤入团》图说译文

牛牵引卤船到团旁的河港边停泊。工丁将船里绛色卤水舀起，倒入团院围墙脚小池，通过竹管引流入灶团里。从各分支小渠来卤汇聚，流入各个池中存储备用。

《打卤入团》图咏

［元］ 陈　椿

团前运卤船衔[①]尾，上卤分沟入团里。
长笕短笕断复连，行地滔滔如注水。
今年天道好晒灰，那更淋灰清彻底。
试来入口十分咸，守煎欢赏管煎喜。

注释：

① 衔[xián]：用嘴含，比喻运卤船一艘艘头尾相接。

解说：摊场选址介于团院与大海之间

通过本图咏描述，可以了解到，摊场是位于团院之外，并介于大海和团院之间。由于灶座是制盐的设施，其重要性在盐场名列前位，所以不能太靠近海边，以减少海潮和大风的影响。相比之下，摊场要尽量靠海边，以方便汲取海水、淋灰取卤。

三十 《樵斫柴薪》

原图、图说及图咏

图 30-1 《樵斫柴薪》原图

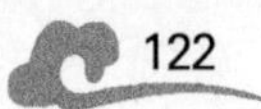

欽定四庫全書　熬波圖 卷下　二

樵斫柴薪　辦鹽柴為本向者額輕蕩多今則額重蕩少為因鹽額愈增而蕩如舊故也春首柴苗方出漸次長茂雇人看守不得人牛踐踏謂之看青及過五月小暑梅雨後方可樵斫間有缺柴之家未待四月柴方長尺許已斫之矣雇募人夫入蕩砍斫人夫手將鐵鐄（鐄音横 廣韻鉠也）脚着木履為蕩内柴根刺足難於行立也上則月分滷鹹每鹽一引用柴百束下則時月滷淡用柴倍其數至如四五月之柴則買大小麥稈柴接濟煎燒浙西為有官蕩每引工本比浙東減五兩

黄茆白葦地一望百餘里長鐄瑩如雪動手即披靡縱横卧荒野海風吹不起雖有管與削亦毋棄憔悴

图 30-2　《樵斫柴薪》原图说与图咏

图说与图咏译释

《樵[1]斫[2]柴薪》图说译文

煎盐柴为本。以往盐额较轻，草荡多。现在盐额不断增加而草荡依旧。当开春柴苗开始生长时，就要雇人看守，防止人、牛进入踩踏，这就是所谓的“看青”。要等到五月梅雨季节后，才可以开始砍收。有些灶户缺柴草，还没等到四月过，柴草刚长到尺许就开始砍收了。雇人进入草荡砍斫时，雇工手持大铁镰干活，还要脚着木履，以防止行走时柴根刺脚。卤水浓时煮盐一引用柴百捆，而淡卤时则多用柴几倍。如果四五月缺柴，则买大、小麦秆补充煎烧。由于浙西有官方草荡，每引盐工本比浙东少钱 5 两。

《樵斫柴薪》图咏

［元］ 陈　椿

黄茅[3]白苇地，一望百余里。
长镰莹[4]如雪，动手即披靡[5]。
纵横卧荒野，海风吹不起。
虽有菅与蒯[6]，亦毋弃憔悴[7]。

注释：

① 樵[qiáo]：柴、打柴。
② 斫[zhuó]：用刀斧砍。
③ 原图咏中“茆”，同“茅”，茅草。
④ 莹：亮光闪闪。
⑤ 披靡：倒伏。
⑥ 菅[jiān]与蒯[kuǎi]：菅和蒯都是多年生草本植物。
⑦ 憔悴：枯萎的草。

解说：熬波中柴草的重要性

对于熬波而言，柴草的供应量十分重要。熬波不仅离不开柴草，盐产量也受到柴草储量的限制。所以《熬波图》连续用 5 幅图描述柴草准备，包括《樵斫柴薪》《束缚柴薪》《砍斫柴生》《塌车辖车》和《人车运柴》。

三十一 《束缚柴薪》

原图、图说及图咏

图 31-1 《束缚柴薪》原图

欽定四庫全書　　熬波圖　卷下　　二

束縛柴薪　雇募夫丁砍斫柴薪用草乂翻晒三
兩日候乾用木枛枛與觚同說文徐鍇曰三稜為枛皃聚方用茅
撚束縛成箇每箇六尺圍圓逐箇搬擔堆沓在蕩
别雇人夫牛車搬運遇雨則柴腐爛不敎火力用
茅撚以軟細茅柴攪為單股繩索長七尺餘

平明加束縛委地何紛紛一畝當幾束一束當幾斤一
際萬餘束際際俗呼一堆為一際連青雲餘草任狼藉待與樵
者分

图 31-2　《束缚柴薪》原图说与图咏

图说与图咏译释

《束缚柴薪》图说译文

雇工砍斫柴草，用草义[①]翻晒两三天，等干后用木柧[②]聚拢，再用草绳捆成周长六尺的柴草捆，堆聚成垛，最后雇牛车搬运到灶团。遇到雨天柴草腐烂，燃烧热值降低，则要捆成周长七尺的柴草捆。

《束缚柴薪》图咏

［元］ 陈 椿

平明[③]加束缚，委地何纷纷。
一亩当几束，一束当几斤。
一际[④]万余束，际际连青云。
余草任狼藉，待与樵者分。

注释：

① 草义：叉草的农具。
② 木柧[gū]：钩草用的农具。
③ 平明：指天刚亮时。
④ 一际：一堆。

解说：柴草捆绑规格

柴草储量的多少不仅影响熬波的产盐量，也是制盐成本的主要部分。本图说中提到柴草捆成周长六七尺的规格，一是方便提拿搬运，二是方便计算产盐的消耗柴草量，以利成本核算。

三十二　《砍斫柴生》

原图、图说及图咏

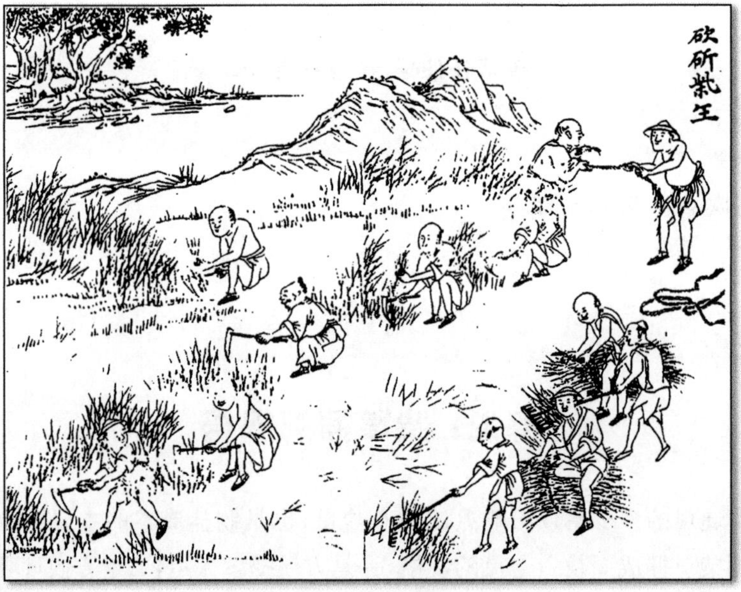

图 32-1　《砍斫柴生》原图

砍斫柴生　亡宋年間官撥草蕩此時鹽數少近年累蒙官司增添鹽額别無添撥草蕩以是每歲煎鹽不敷才至起火便行缺柴三四月間柴苗方長尺許已是開蕩樵斫至八九月内已無接濟不免多募人丁工具將蕩内茅根生（生字字書韻書俱不載未詳）柴再行刮削砍斫用茅撚三務縛束名曰横包柴搬擔堆垜陸續搬運入團

黄茅斫盡鹽未足官司熬熬催火伏有錢可買鄰場柴
無錢之家守鹽哭茅根得雨力未衰昨日猶短今日齊
亂包急束少作堆三寸五寸尋柴生

图 32-2　《砍斫柴生》原图说与图咏

图说与图咏译释

《砍斫柴生[①]》图说译文

宋末时期，官府拨给草荡，当时盐额较低。近年来官府只加盐额却不增草荡，造成每年煎盐柴草不足，开始煎盐不久就缺柴草。三四月份柴草才长一尺左右就开荡砍斫了，到八九月份就没有柴草接续，不得不雇工刮削草荡里的茅根生柴，用草绳捆绑几道成横包柴[②]，集中堆垛后，陆续搬运入灶团。

《砍斫柴生》图咏

［元］　陈　椿

黄茅斫尽盐未足，官司熬熬催火伏。
有钱可买邻场柴，无钱之家守盐哭。
茅根得雨力未衰，昨日犹短今日齐。
乱包急束少作堆，三寸五寸寻柴生。

注释：

① 柴生[gǎ]：除去枝丫、梢干后剩下的树桩。

② 横包柴：柴桩、草根被捆绑成方块状的柴草捆。

解说：柴草紧缺与柴生砍斫

煎盐需要大量的柴草做燃料。随着朝廷下派的盐额增加，而官府提供的草荡面积没有增加，造成作为煎盐燃料的柴草更加紧缺，以至于盐户们需要用心看青护草，防止被人畜践踏。一些缺柴的灶户都等不及柴草长成就开始砍斫，以至于到了八九月时已无接济柴草，不得不再将荡内茅根生柴刮削砍斫，枯萎的草也不舍得丢弃；除此之外，还要向农户收买大、小麦秆柴接济煎烧。由此造成开支增加，收入自然变少，灶户日子就更苦了。

三十三 《塌车辐车》

原图、图说及图咏

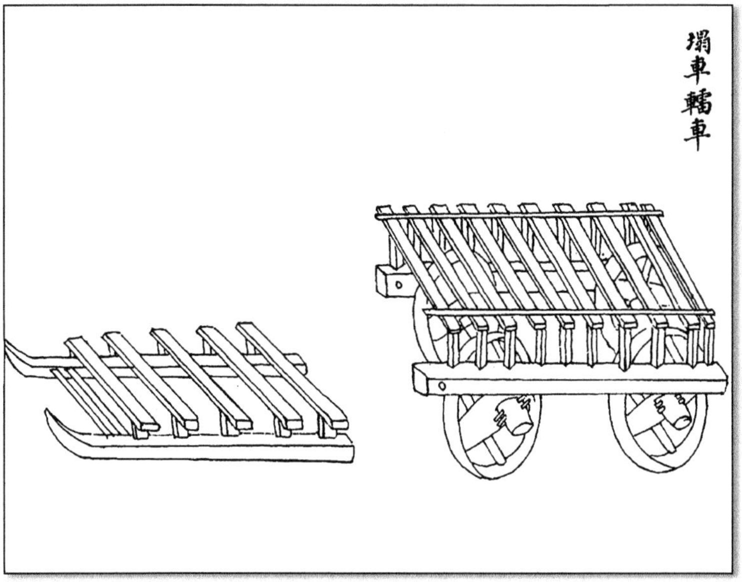

图 33-1 《塌车辐车》原图

欽定四庫全書　　耕織圖　卷下　二

塌車轜車

運柴必用轜車塌車轜字字書韻書俱不載未詳二車大小各隨其製皆用樟榆等硬木做造方可耐久管車輪軸頭處每輛用生鐵鑄成鐵管四箇穿套在車機内籠軸其中庶耐轉軸名曰團穿有力之家則造轜車無力之家用塌車蓋轜車用費牛力倍於塌車數倍故也

千牛畓攢蹄車聲雷長堤擔夫欲爭道長驅與之齊束草如山髙牧子猶嫌低陸地行尚可可憐行深泥

图 33-2　《塌车轜车》原图说与图咏

图说与图咏译释

《塌车[1]辎车[2]》图说译文

运输柴草需用辎车或塌车，这两种车的规格制式不同，但都是用樟木、榆木等硬质木料制造，才能耐久。每辆辎车的车轮轴头处，用生铁铸成的 4 个铁管，穿套在笼轴里，其中耐磨车轴叫"团穿[3]"。有实力的人家造辎车，没实力的用塌车，因为辎车要用牛牵引，且造价高。

《塌车辎车》图咏

［元］ 陈　椿

千牛密攒蹄，车声雷长堤。
担夫欲争道，长驱与之齐。
束草如山高，牧子犹嫌低。
陆地行尚可，可怜行深泥。

注释：

① 塌[tā]车：不带轮子的木制运货车。

② 辎[léi]车：带有轮子的木制运货大车。

③ 团穿：用硬木制作的耐磨车轴。

解说：柴草运输工具

中国古代早在 2000 多年前就开始有原始的运输车辆。至少在西周时期，就有车辆的建造标准，如："故兵车之轮六尺有六寸，田车之轮六尺有三寸，乘车之轮六尺有六寸。"(《周礼・冬官考工记》)本图说中提到，运输柴草需用辎车或塌车，辎车和塌车的规格制式不同，但都是用樟木、榆木等硬质木料制造。其中特别说明，辎车的特色是采用了名为"团穿"的车轴。制作这种车轴时，要在轴头处，用生铁铸成铁管穿套上做成铁管笼轴，提高车轴的耐磨度。

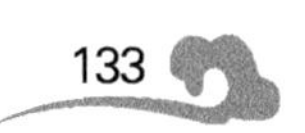

三十四 《人车运柴》

原图、图说及图咏

图 34-1 《人车运柴》原图

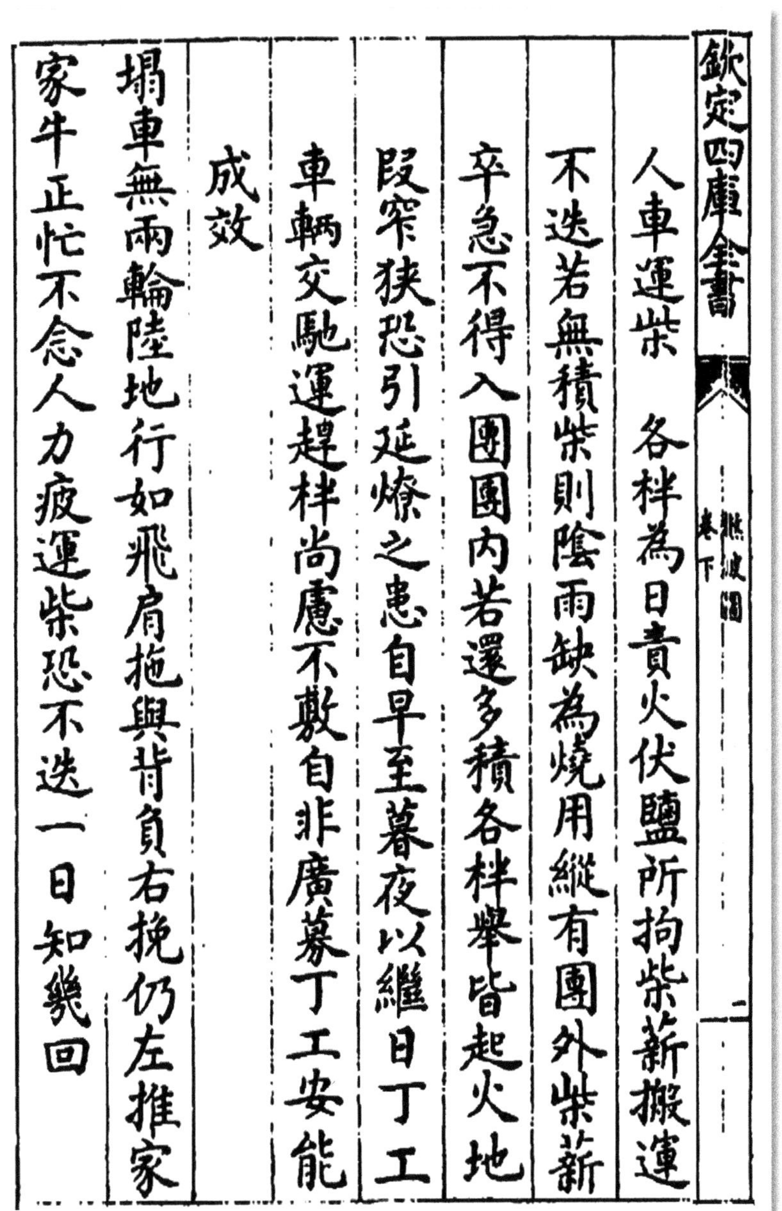

欽定四庫全書　　熬波圖　卷下　　二

人車運柴　各柈為日責火伏鹽所拘柴薪搬運
不迭若無積柴則陰雨缺為燒用縱有團外柴薪
卒急不得入團團内若還多積各柈舉皆起火地
叚窄狭恐引延燎之患自早至暮夜以繼日丁工
車輛交馳運趕柈尚慮不敷自非廣募丁工安能
成效

塌車無兩輪陸地行如飛肩拖與背負右挽仍左推家
家牛正忙不念人力疲運柴恐不迭一日知幾回

图 34-2　《人车运柴》原图说与图咏

图说与图咏译释

《人车运柴》图说译文

各盘为了每天煎盐，需不断搬运柴草。如果没有存储，当阴雨天缺料烧炉，即使团外有柴草，也无法即刻运入。而当灶团内积存柴草过多，当各灶都烧火时，由于灶盘场地狭窄，容易发生火灾。就算工丁夜以继日不停地人挑、车运，灶丁还是担忧柴草应付不了烧用，非得再多雇工赶运才放心。

《人车运柴》图咏

［元］ 陈　椿

塌车无两轮，陆地行如飞。
肩拖与背负，右挽仍左推。
家家牛正忙，不念人力疲。
运柴恐不迭[①]，一日知几回。

注释：

① 不迭：不停止。

解说：盐民的生活气息

《熬波图》中，除了大篇幅介绍熬波主题外，作者不忘添加闲笔，使图文中包含了丰富的生活气息，如五《裹筑灰淋》中劳作之余的对弈、二十《担灰摊晒》的诙谐“正苦饥腹鸣如雷，转头馌妇从西来”、二十五《淋灰取卤》中的闲抱孩童、二十九《打卤入团》中的牛歇吃草、三十二《砍斫柴生》中的山水林木、四十《炼打草灰》中远树民居和四十四《干盘起盐》中的小桥流水等。

三十五 《辐车运柴》

原图、图说及图咏

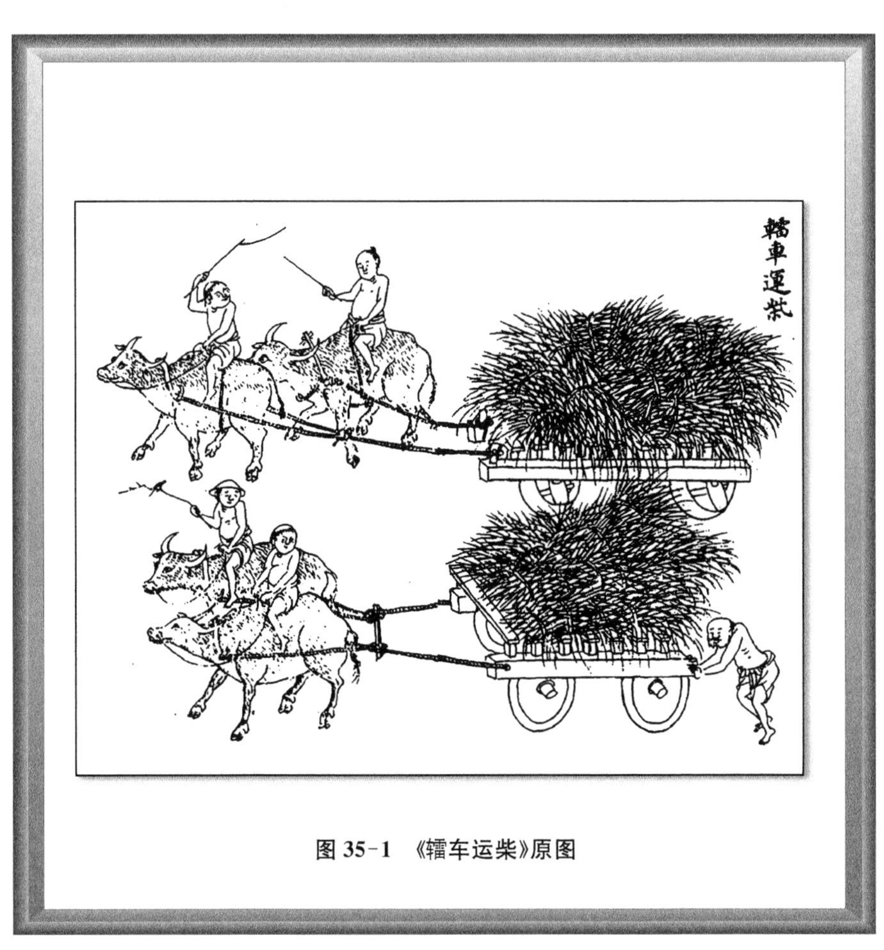

图 35-1 《辐车运柴》原图

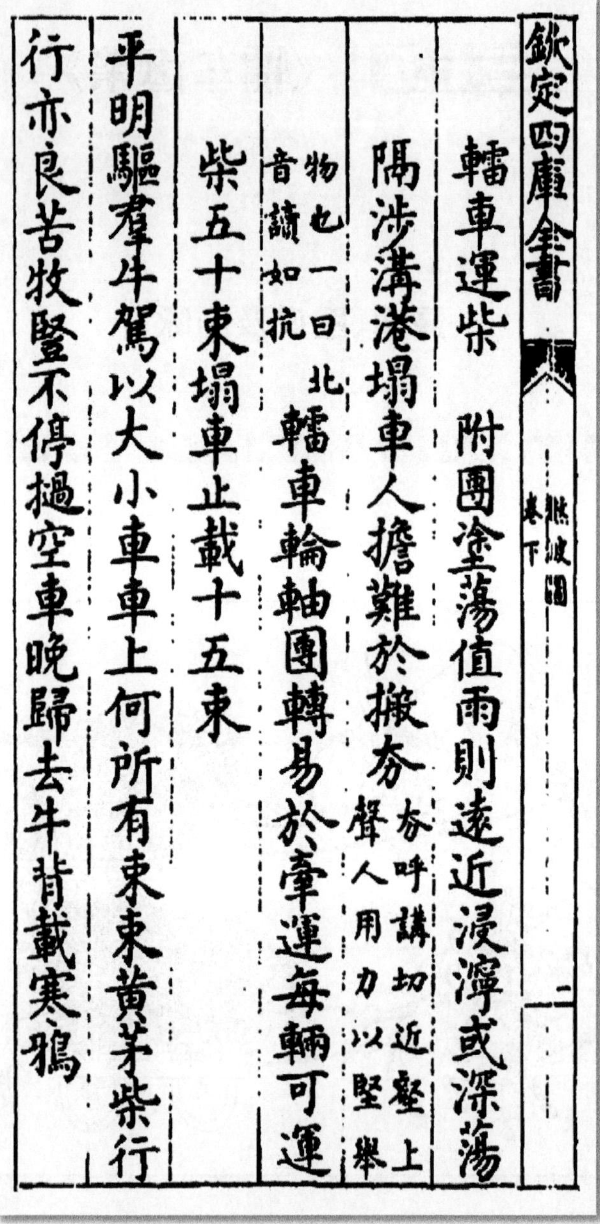

欽定四庫全書　熬波圖　卷下　二

輜車運柴　附圖塗蕩值雨則遠近浸濘或深蕩陽涉溝港塌車人擔難於搬夯夯呼講切近壑上聲人用力以堅舉物也一曰北音讀如抗輜車輪軸團轉易於牽運每輛可運柴五十束塌車止載十五束

平明驅牽牛駕以大小車車上何所有束束黃茅柴行行亦良苦牧豎不停撾空車晚歸去牛背載寒鴉

图 35-2　《辎车运柴》原图说与图咏

图说与图咏译释

《辎车运柴》图说译文

下雨时，草荡地面泥泞不堪，还有沟坑积水。搬运柴草时，用塌车或人挑难于运送。辎车因带有轮子，易于牵引运送。每辆辎车每次可运送柴草 50 捆，而塌车只能装运 15 捆。

《辎车运柴》图咏

［元］ 陈 椿

平明驱群牛，驾以大小车。
车上何所有，束束黄茅柴。
行行亦良苦，牧竖不停挝[1]。
空车晚归去，牛背载寒鸦。

注释：

① 挝[wō]：鞭挝、鞭打。

解说：工丁劳作之余的孤寂愁苦

图咏中“空车晚归去，牛背载寒鸦”。表达了工丁们的孤寂愁苦、紧张焦虑的心情。作品中的其他地方也有不少这方面的描述，如十二《车接海潮》中“谁家少妇急工程？径上车头泥两脚”、二十四《担灰入淋》中的“丁夫闲少辛苦多，却恐无灰可相接”、二十八《担载运卤》中“日西比及到团前，牛却长叹人无言”等。

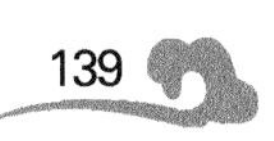

三十六 《铁盘模样》

原图、图说及图咏

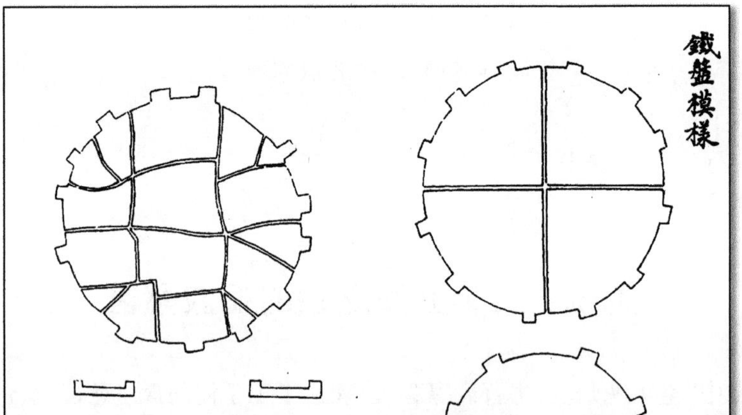

鐵盤模樣

图 36-1 《铁盘模样》原图

欽定四庫全書　　　　　熬波圖　卷下　　二

鐵盤模樣　盤有大小闊狹薄則易裂厚則耐久

浙東以竹編浙西以鐵鑄或篾或鐵各隨其宜柈

大塊數則多少者盤縫却省邉際龜脚靠閣柈墻

以篾爲者止可用三二日焚㷮繼成棄物則應酬

官事而已終不如鐵鑄者可熬烈火烹鍊也

方盤雖薄容易裂圓鑊雖深又難熱不方不圓合而分

樣自兩淮行兩浙洪爐一鼓焰掀天收盡九州無寸鐵

明朝火冷合而觀疑是沉江九肋鼈

图 36-2　《铁盘模样》原图说与图咏

图说与图咏译释

《铁盘模样》图说译文

煎盘有大小、宽窄之分。盘薄的煎烧时容易开裂，盘厚的则较为耐久。制盘材料因地制宜，浙东用竹编，而浙西用铁铸。盘大需要拼接的块数多，而盘小各块接缝就少。盘边的龟脚①用于搁置在盘墙上。竹盘只可煎用二三天，用坏了就丢弃，终究比不上铁盘，能够经受烈火烹烧。

《铁盘模样》图咏

［元］ 陈 椿

方盘虽薄容易裂，圆镬②虽深又难热。
不方不圆合而分，样自两淮行两浙。
洪炉一鼓焰掀天，收尽九州无寸铁。
明朝火冷合而观，疑是沅江九肋鳖③。

注释：

① 龟脚：煎盘外围的支腿。

② 镬[huò]：古时的大锅。

③ 九肋鳖：一种稀有的鳖，产自沅江。九肋，指龟甲的多根肋条分布状纹理。

解说：熬波使用的盘

"盘"是古代熬波煎盐的工具，沿海一带至今仍有带"盘"字的地名，如浙江的"南盘"。

盘的制作主要有竹编和铁铸两种，如本图说所言："浙东以竹编，浙西以铁铸，或篾或铁，各随其宜。"很多古籍都有铁盘制作的描述，但《熬波图》描述的煎盐盘的铸造，内容更为详实，不仅包括铸造大小规格的确定、铸材的选用、材料用量、铸造过程及方法等，甚至还包括了熔炉的建造。

三十七 《铸造铁盘》

原图、图说及图咏

图 37-1 《铸造铁盘》原图

欽定四庫全書　　　　熬波圖　卷下　　二

鑄造鐵柈　鎔鑄柈各隨所鑄大小用工鑄造以舊破鍋鑊鐵為上先築鑪用瓶砂白礠炭屑小麥穗和泥實築為鑪其鐵柈沉重難秤斤兩只以秤鐵入爐為則每鐵一斤用炭一斤總計其數鼓鞴煽鎔成汁候鐵鎔盡為度用柳木棒鑽爐臍為一小竅煉熟泥為溜放汁入柈模内逐一塊依所欲模樣瀉鑄如要汁止用小麥穗和泥一塊於杖頭上抹塞之即止柈一面亦用生鐵一二萬斤合用鑄冶工食所費不多

大柈大小十餘片中盤四片小盤二誰将紅爐生鐵汁瀉入模中隨巨細神槌擊後皆有用良冶收功在零碎閙看爐鞴棄荒郊當時閙熱今如水

图 37-2 《铸造铁盘》原图说与图咏

图说与图咏译释

《铸造铁盘》图说译文

铸造铁盘的大小各随所需，以破旧大铁锅为原料最佳。先造炉，用沙、白土、炭屑、小麦穗和泥，拌混砌筑成炉。铁盘太沉，难于称重。只称入炉的铁块的重量，按一斤铁料配一斤炭搭配入炉，可以计算总量。用鼓风机吹炉使铁块熔成铁水，待铁料熔尽后，在炉膛中部用柳棒钻一小孔，让铁水沿熟泥做的溜槽，流到盘模内，逐块按照模板铸造。如果要止住铁水，用小麦穗加泥和成一块，放在木杖顶堵塞即可。铸造一个煎盘需耗用生铁 1 万至 2 万斤，如果多家合铸，所费工钱不多。

《铸造铁盘》图咏

［元］ 陈 椿

大盘① 大小十余片，中盘四片小盘二。
谁将红炉生铁汁，泻入模中随巨细。
神槌② 击后皆有用，良冶收功在零碎。
闲看炉鞴③ 弃荒郊，当时闹热今如水。

注释：

① 原图咏中“柈”，同“盘”。

② 槌［chuí］：敲打用的棒。

③ 鞴［bèi］：鼓风器。

解说：铁盘铸造法

熬波铁盘是大型的煎盐容器，适合于下砂盐场这类灶团使用。煎盐铁盘的铸造方法如下：

（1）准备原料：以破旧大铁锅块料为最佳，根据铁盘大小备料，一般铸造一个煎盘需耗用生铁 1 万至 2 万斤。

(2) 确定规格：根据使用灶盘的灶户数，确定需要铸造的铁盘规格和大小。

(3) 砌造熔炉：用沙、白土、炭屑、小麦穗和泥，拌混砌筑熔炉。

(4) 配料熔炼：称入炉的铁块的重量，按一斤铁料配一斤炭，搭配入炉熔炼。

(5) 制作盘模：根据铸造铁盘的规格，确定盘块尺寸，制作盘块模。

(6) 铸造盘块：待铁料熔融后，在炉膛中部用柳棒钻小孔，让铁水沿熟泥做的溜槽流到盘块模内模铸，逐块铸造铁盘的所有盘块。

(7) 拼合成盘：铸好所有盘块后，按照煎盘安装要求，砌柱承盘和排凑盘面，拼成整盘，详见三十八《砌柱承盘》和三十九《排凑盘面》。

三十八 《砌柱承盘》

原图、图说及图咏

图 38-1 《砌柱承盘》原图

欽定四庫全書　　熬波圖　卷下　二

砌柱承柈　裝柈之時每一柈先用大磚一千餘片向竈肚中間砌磚柱二行昔者鐵鑄為柱竈口前後各砌二磚柱為門柈外周圍用土墼疊為墻壁從地高二尺餘堅固築打閣柈於上三五日一次别换砌裝

灰泥煉得如蒸土巨磚為馳石為虎四根打就圜火城中間屹立承柈柱此時築打不加工他日難禁大火聚滿盤白雪積如山不比金莖但承露

图 38-2　《砌柱承盘》原图说与图咏

图说与图咏译释

《砌柱承盘①》图说译文

安装煎盘之前，用千余块大砖块在灶肚位置砌两排砖柱，灶口前后各砌两个砖柱门。在盘外四周，用土砖块垒 2 尺高盘墙，筑紧压实后，把煎盘放置其上。使用三五天后要重新砌筑砖柱和盘墙。

《砌柱承盘》图咏

［元］ 陈 椿

灰泥炼得如蒸土，巨砖为驼②石为虎。
四垠③打就围火城，中间屹立承盘柱。
此时筑打不加工，他日难禁大火聚。
满盘白雪积如山，不比金茎④但承露⑤。

注释：

① 承盘：支撑铁盘。
② 原图咏中“駞”[tuó]，同“駝”，指骆驼。
③ 垠[yín]：边际。
④ 金茎：支撑承露盘的铜柱。
⑤ 承露：承接甘露，也可指承露盘。

解说：承露的典故

图咏中描述：“满盘白雪积如山，不比金茎但承露。”“承露”指“承露盘”。汉代人相信神仙可以降露人间，饮服神露能使人长生不老。于是汉武帝在建章宫造了承接甘露的铜质承露盘，取露制药服用。其典故记载来源于古籍《三辅黄图》：“神明台，武帝造，祭仙人处，上有承露盘，有铜仙人，舒掌捧铜盘玉杯，以承云表之露，以露和玉屑服之，以求仙道。”（《三辅黄图 · 卷三 · 建章宫》）金茎是支撑承露盘的铜柱。

三十九 《排凑盘面》

原图、图说及图咏

图 39-1 《排凑盘面》原图

欽定四庫全書　熱波圖　卷下　二

排湊盤面　盤有大小不等或如木梳片或三角或四方或長條或小碎工丁數十人用扛索杉木奮力舉鐵塊排揍成盤周圍闌所築土墻上其中各磚柱上或有短小鐵塊闌不及磚柱者先用鐵打成塊臂模樣名曰柈駝以曲頭搭兩旁大鐵塊上以凹身閣小片湊補成圓堵鼓（堵字疑揩字之訛鼓廣韻私盍切音倕鼓起也）平正

形模本渾淪何乃散而聚世無烏獲力萬鈞未易舉片叚合湊成冶工費鎔錮雖曰小鐵駝能補空缺處

图 39-2　《排凑盘面》原图说与图咏

图说与图咏译释

《排凑盘面》图说译文

盘块的形状及大小不等，有木梳片、三角、四方、长条形或小碎块。几十个工丁绳拉棍撬，把盘放置在盘墙上，拼凑成盘。如果盘中部的小拼块搭不到砖柱时，用铁块打成盘陀[①]，将其曲头挂在旁边大铁块上，小拼块放在盘陀凹身上，凑补成圆盘，调整平正。

《排凑盘面》图咏

［元］ 陈 椿

形模本浑沦[②]，何乃散而聚。
世无乌获[③]力，万钧[④]未易举。
片段合凑成，冶工费熔锢[⑤]。
虽曰小铁驼[⑥]，能补空缺处。

注释：

① 盘陀：曲臂状的小铁块。
② 浑沦：模糊不清。
③ 乌获：春秋战国时期秦国的大力士。
④ 钧[jūn]：古代的重量单位。
⑤ 锢[gù]：用熔化金属液灌堵空隙。
⑥ 铁驼：指“盘陀”。

解说：汉代大力士——乌获

图咏中说道：“世无乌获力，万钧未易举。”其中提到的“乌获”是大力士的泛称，原指春秋战国时期秦国的大力士“乌获”，其与任鄙、孟贲齐名，据说能举起千钧的重量。在《战国策》中有记载：“今夫乌获举千钧之重，行年八十，而求扶持。”（《战国策·燕一·苏代谓燕昭王》）

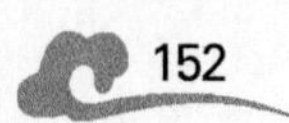

四十 《炼打草灰》

原图、图说及图咏

图 40-1 《炼打草灰》原图

欽定四庫全書　熬波圖　卷下　二

煉打草灰　如遇裝栟先用茆柴絞成大索却寸寸剁碎和生灰畧入少滷潤灰不令飛動却教竈丁遶圍羣坐各將木棒於草灰上不住手鞭打三二日臨用時再和石灰三斛加以醎滷打和稠黏以塗栟縫

草灰將何用鞭打不停手明朝裝栟時泥簄護栟口壯夫打鞭千百折煉得白灰成黑雪誰知只是爐與篯泥向盤邊堅似鐵

图 40-2　《炼打草灰》原图说与图咏

图说与图咏译释

《炼打草灰》图说译文

组装煎盘时，先用茆柴[①]绞成大绳索状，剁碎成一寸长的小段。再和上草木灰，并加少量卤水湿润，防止飞扬。之后灶丁们手持木棒，围着和好草木灰的茆柴碎堆不停拍打，持续两三天。等到要用时，在茆柴泥（茆灰）里加三斛[②]石灰和少量咸卤，搅成稠黏糊状的茆糊，用来涂抹盘缝。

《炼打草灰》图咏

［元］ 陈 椿

草灰将何用，鞭打不停手。
明朝装盘时，泥篅[③]护盘口。
壮夫打鞭千百折，炼得白灰成黑雪。
谁知只是炉与篾[④]，泥向盘边坚似铁。

注释：

① 茆[yuán]柴：一种植物。
② 斛[hú]：古时斗形量器。
③ 篅[biān]：竹编器具。
④ 篾[miè]：薄竹片。

解说：茆灰勾缝法（一）——茆灰制作

由于整个煎盐铁盘大且重，难于一次整铸，都是分为盘块分别铸造，然后拼接成盘。拼接时，要求盘块之间的缝隙既要密实不漏卤，又要抗柴火烧烤。盐丁们经过长期实践，掌握了简单又实用的茆灰勾缝法，解决了上述盘缝问题。茆灰勾缝法的第一步，首先要制作茆灰。茆灰制作方法如下：

（1）切碎茆柴：把茆柴绞成大绳索状，剁碎成一寸长的小段。

（2）茆柴拌和：将切碎的茆柴小段和上草木灰，加少量卤水，拌和均匀。

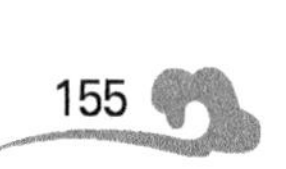

(3) 拍碎茆柴：盐丁们手持木棒，围着和好草木灰的茆柴碎堆不停拍打，持续两三天。

(4) 茆灰备用：待茆柴碎拍打成茆柴泥(茆灰)，留置备用。

四十一 《装泥盘缝》

原图、图说及图咏

图 41-1 《装泥盘缝》原图

欽定四庫全書　　熬波圖　卷下　　二

裝泥拌縫　鐵柈既湊完備縫闊者四五寸狹者一二寸先束小柴把塞滿縫內以小竹扦穿定次上滷和所打熟灰逐縫塗滿周遭乃用蘆籆高五六寸圍轉亦用草灰壘塗其內以大牛骨箆研掠光實畧以十餘束柴焚火使灰畧堅却拔去竹扦又用骨箆醮滷再研竹川孔無縫頻以草帚醮滷刷縫使骨箆頻研一面燒火候縫稍堅即上滷矣必三五日再裝一次

三長四短鑄盤片五合六聚湊盤面老丁自有生銲藥灰日手舂泥百煉深深抹縫工補插五六烏金小駝健補虛架滿苟目前安得天地為爐陰陽炭

图 41-2 《装泥盘缝》原图说与图咏

图说与图咏译释

《装泥盘缝》图说译文

铁盘拼凑完后，盘块间缝隙宽的有四五寸，窄的也有一二寸。先用一把把小柴将缝隙塞满，再穿入竹签固定，后用茆糊，逐缝涂满。煎盘周边用五六寸高的芦席围起，席内侧也用茆糊涂沫表面，再用大牛骨片压实磨光，后用10余束柴草烧烤，使席面茆糊稍固结，就拔去竹签，用大牛骨片蘸卤压磨无缝。然后不停地用草帚蘸卤刷盘缝处，同时用大骨片反复压磨。最后烧火烤，待接缝处稍微干固结实，就可以上卤煎煮了。煎盘使用三五日后要重新组装一次。

《装泥盘缝》图咏

[元] 陈　椿

三长四短铸盘片，五合六聚凑盘面。
老丁自有生焊[①]药，灰日千舂[②]泥百炼。
深深抹缝工补插，五六乌金小驼健[③]。
补虚架满茍目前，安得天地为炉阴阳炭。

注释：

① 原图咏中“銲”[hàn]，同“焊”。

② 舂[chōng]：捣碎。

③ 小驼健：小铁驼、盘陀。

解说：茆灰勾缝法(二)——茆糊勾缝

在铁盘盘块铸好、茆灰制成后，就可以进行装泥盘缝，即茆灰勾缝法第二步茆糊勾缝。茆糊勾缝的工序如下：

(1) 铁盘拼凑：在砌筑的承盘柱上，拼凑盘块成盘。

(2) 柴把堵缝：根据盘缝大小用不同规格的小柴把堵塞缝隙，并穿牙签固定。

（3）苆糊调制：将制好的苆灰加适量石灰和少量咸卤，搅成稠黏糊状的苆糊。

（4）涂抹盘缝：将调制好的苆糊注入盘缝，逐缝涂满。（煎盘周边用芦席围起，席内侧也用苆糊涂抹表面）

（5）骨片压磨：用大块牛骨片压实盘缝和席内侧的苆糊，并磨光。

（6）苆糊烤固：在涂抹苆糊的盘缝处，用柴草烧烤，在苆糊稍微固结时拔去固定牙签，用大牛骨片蘸卤压磨无缝。

（7）蘸卤压磨：不停地用草帚蘸卤刷盘缝处，同时用大骨片反复压磨。

（8）烧烤固结：盘缝蘸卤压磨密实后，用柴火烧烤，使盘缝苆糊稍微干固结实，即可上卤煎盐。

四十二 《上卤煎盐》

原图、图说及图咏

图 42-1 《上卤煎盐》原图

欽定四庫全書　　熬波圖　卷下

上滷煎鹽　柈面裝泥已完滷丁輪定柈次上滷用上竹管相接於池邉缸頭内將澆料畣滷自竹管内流放上柈滷池稍遠者愈添竹管引之柈縫設或滲漏用牛糞和石灰掩捺即止

竹箻瀉滷初上盤今日起火齊著團日煎月煉不得閒却愁火急柈易乾炎炎火窖去地三尺許海波頃刻熬出素烹煎不顧寒與暑半是竈丁流汗雨

图 42-2　《上卤煎盐》原图说与图咏

图说与图咏译释

《上卤煎盐》图说译文

盘面装泥完成后，盐丁开始轮流煎盐。上卤时，用竹管相接，连至池边的缸头。用浣料从缸头舀卤，倒入竹管流到灶盘里。卤池稍远的接长竹管即可。盘缝如有渗漏，用混有石灰的牛粪塞入就可以堵好。

《上卤煎盐》图咏

［元］ 陈　椿

竹筒[①]泻卤初上盘，今日起火齐着团。
日煎月炼不得闲，却愁火急盘易干。
火窖去地三尺许，海波顷刻熬出素[②]。
烹煎不顾寒与暑，半是灶丁流汗雨。

注释：

① 原图咏中"筩"［tǒng］，同"筒"，竹管。

② 素：盐。

解说：描写盐的"雪"与"素"

本图咏中有："炎炎火窖去地三尺许，海波顷刻熬出素。"其中的"素"指煎制出的盐。四十四《干盘起盐》中"正愁天上多苦雾，却喜海滨有咸雪。"其中的"雪"也指煎制出的盐。南朝萧子显撰的《南齐书》中也有类似描述："若乃漉沙构白，熬波出素。积雪中春，飞霜暑路。"（《南齐书・列传・卷四十一》）其他古诗词中还有："玉盘杨梅为君设，吴盐如花皎白雪。"（《梁园吟》（唐・李白））"并刀如水，吴盐胜雪，纤指破新橙。"（《少年游・并刀如水》（宋・周邦彦））"结成海气楼相似，煮就吴盐雪不分。"（《鸳鸯湖棹歌》（清・朱彝尊））等等。

此外，为了句式整齐，现代文版的图咏将原文"炎炎火窖去地三尺许，海波顷刻熬出素"中去掉"炎炎"两字。

四十三 《捞洒撩盐》

原图、图说及图咏

图 43-1 《捞洒撩盐》原图

欽定四庫全書　　熬波圖　卷下　　二

撈灑撩鹽　煎鹽旺月滷多味鹹則易成就先安四方矮木架一二箇名撩床廣五六尺上鋪竹篾着柈上滷滾後將掃帚於滾柈內頻掃木扒推開用鐵剗撈漉欲成未結糊塗濕鹽逐一剗挑起撩床竹篾之上瀝去滷水乃成乾鹽又攙生滷頻撈鹽頻添滷如此則晝夜出鹽不息比同逐一柈燒乾出鹽倍省工力若滷太鹹則洒水澆否則柈上生蘖如飯鍋中生焞焦通寸許厚須用大鐵槌一名柈槌逐星敲打剗去了否則為蘖所隔非但滷難成鹽又且火緊致損盤鐵

火伏上則鹽易結日烈風高勝他月欲成未成乾又濕
撩上撩床便成雪盤中滷乾時時添要使柈中常不絕
人面如灰汗如血終朝徹夜不得歇

图 43-2　《捞洒撩盐》原图说与图咏

图说与图咏译释

《捞洒撩[1]盐》图说译文

煎盐旺季，卤水咸度高，容易熬出盐。先在盘上安放五六尺宽的四方矮木架一二个，上铺竹篾。待盘内卤水开滚后，用扫帚和木耙不停扒扫，用铁铲捞起结晶未糊的湿盐，倒在竹篾上，沥去卤水，就成干盐，同时不断添生卤。这样不停地捞盐和添卤，就能昼夜不息的出盐。比逐盘烧干出盐，成倍的省工省力。卤水太浓时要洒水，不然盘底易生蘖[2]，如同饭锅生煿[3]焦一样达到一寸厚时，要用大铁槌敲打铲掉，不然的话，被糊盐隔绝，不但卤难熬盐，火猛时还易烧坏铁盘。

《捞洒撩盐》图咏

［元］ 陈　椿

火伏上则盐易结，日烈风高胜他月。
欲成未成干又湿，撩上撩床[4]便成雪。
盘中卤干时时添，要使盘中常不绝。
人面如灰汗如血，终朝彻夜不得歇。

注释：

① 撩[liào]：放置。

② 蘖[niè]：烧煳的盐巴。

③ 煿[bó]：煎炒或烤干食物。

④ 撩床，放置湿盐的竹篾架。

解说：捞洒撩盐法

在煎盐旺季时节，卤水咸度高，此时采用捞洒撩盐法出盐量大，效率高且煎制成本低，就如图说所言："出盐倍省工力"。捞洒撩盐法的工序如下：

（1）制作撩床：用木料制作五六尺宽的四方矮木架数个，再配套编织大小相近的竹篾。矮木架上置竹篾即成撩床。

（2）撩床安置：铁盘上卤煎盐，待卤水开滚后，根据盘大小在盘中安放数个撩床。

（3）捞沥湿盐：铁盘内开始结盐后，用扫帚和木耙不停扒扫，用铁铲捞起结晶未糊的湿盐倒在竹篾上，沥去卤水。

（4）添加生卤：在捞沥湿盐的同时，不断添生卤。

（5）卤尽撩停：捞盐和添卤不停地同时进行，铁盘能昼夜不息的出盐，直至卤水用尽为止。

采用捞洒撩盐法时，要注意结盐糊盘问题。在煎盘中卤水太浓时要洒水适当稀释，否则盘底易生焦煳盐。当出现焦煳盐时，要用大铁槌敲打铲掉，不然的话，被糊盐隔绝，不但卤难熬盐，火猛时还易烧坏铁盘。

四十四 《干盘起盐》

原图、图说及图咏

图 44-1 《干盘起盐》原图

欽定四庫全書　熬波圖　卷下　二

乾柈起鹽　下中則月滷水淡薄結鹽稍遲難施

撩鹽之法直須待柈上滷乾巳結成鹽用鐵剗起

其柈厚重卒未可冷丁工着木履於熱柈上行走

以掃帚聚而收之

大柈未冷火初歇輕輕剗柈休剗鐵有如昨夜未完月

妖蟆食破圓還缺又如水晶三角片又如蒸餅十字裂

正愁天上多苦霧却喜海濱有鹹雪

图 44-2　《干盘起盐》原图说与图咏

图说与图咏译释

《干盘[①]起盐》图说译文

到了卤水淡薄时节，煎煮结盐慢，难于采用撩盐方法[②]。此时需等待盘中卤水熬干成盐，用铁铲铲收。因煎盘面厚重不易冷却，盐丁要穿着木屐，在热盘上走动，用扫帚扫聚收盐。

《干盘起盐》图咏

［元］ 陈 椿

大盘未冷火初歇，轻轻铲[③]盘休铲铁。
有如昨夜未完月，妖蟆[④]食破圆还缺。
又如水晶三角片[⑤]，又如蒸饼十字裂[⑥]。
正愁天上多苦雾，却喜海滨有咸雪。

注释：

① 干盘：把煎盘的卤水烧干。

② 撩盐方法：指四十三《捞洒撩盐》中的方法。

③ 原图咏中“剗”[chǎn]，同“铲”。

④ 妖蟆[má]：古代传说月亮上的蟾蜍。

⑤ 水晶三角片：结晶的盐粒块看起来像三角形的水晶片。

⑥ 蒸饼十字裂：结晶的盐粒块看起来像裂开口的蒸饼。

解说：捞洒撩盐法的局限性

尽管采用捞洒撩盐法出盐量大，效率高且煎制成本低，但此法的使用是有条件的。捞洒撩盐法是在煎盐旺季时节且卤水咸度高时使用。到了卤水淡薄时节，煎煮结盐慢，就不能采用捞洒撩盐法了。此时要采用干盘起盐法，一盘卤水煎煮直到盘中卤水熬干成盐。盐丁穿着木屐，在热盘上用铁铲铲盐、扫帚扫聚收盐。

四十五 《出扒生灰》

原图、图说及图咏

图 45-1 《出扒生灰》原图

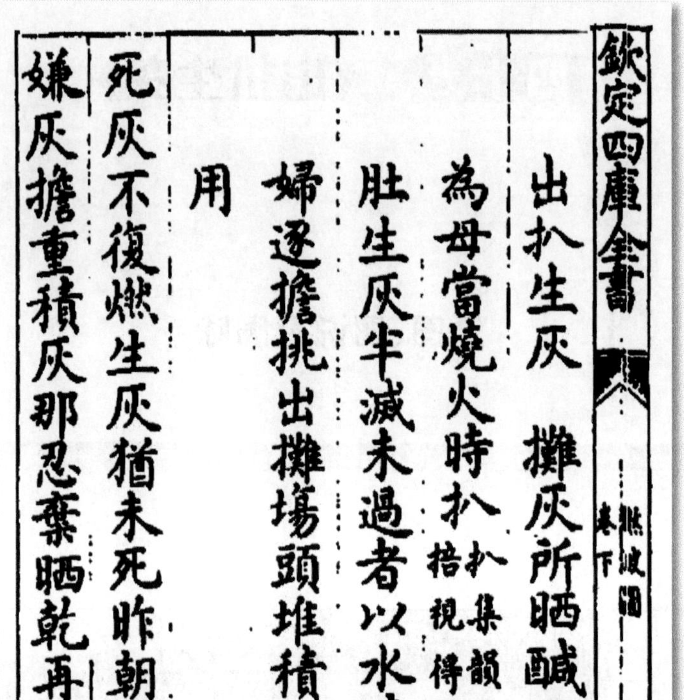

欽定四庫全書　　熬波圖　卷下　　二

出扒生灰　攤灰所晒鹹灰須日增添生灰剌和
為母當燒火時扒扒集韻布拔切音八史記掊視得鼎索隱曰掊扒也出柈
肚生灰半滅未過者以水澆潑存性工丁不分男
婦逐擔挑出攤場頭堆積以多為貴準備每日消
用

死灰不復燃生灰猶未死昨朝火窖中今日冷如水莫
嫌灰擔重積灰那忍棄晒乾再下淋又作還魂鬼

图 45-2　《出扒生灰》原图说与图咏

图说与图咏译释

《出扒生灰》图说译文

摊场所晒咸灰需要每天不断补充生灰①。在盐灶烧火时，扒出炉中的生灰，带火星的生灰用水浇灭。灶丁不分男女，把生灰逐担挑到摊场边堆积，多多益善，以补充每天摊灰的消耗。

《出扒生灰》图咏

［元］ 陈 椿

死灰不复燃，生灰犹未死。
昨朝火窖中，今日冷如水。
莫嫌灰担重，积灰那忍弃。
晒干再下淋，又作还魂鬼②。

注释：

① 生灰：出炉后未摊晒淋卤过的草木灰。

② 还魂鬼：淋卤过的草木灰再用来摊晒后淋卤。

解说：存性生灰与“还魂鬼”

原图说中提到：“半灭未过者，以水浇泼存性。”所谓“存性”是指草木灰中存有的类似活性炭的吸附性能。生灰是刚出火炉的草木灰，其中以带有尚未燃尽的草质炭为最佳，称为“存性生灰”。因为淋灰取卤对生灰的消耗量很大，全用生灰晒灰淋卤无法满足要求。生灰经过晒灰淋卤后剩余的称为二次灰（图咏的“还魂鬼”）。二次灰中添加生灰，可以继续用于晒灰淋卤，这就是图咏中说的：“……积灰那忍弃。晒干再下淋，又作还魂鬼。”

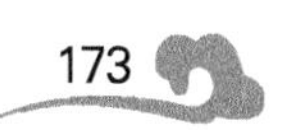

四十六 《日收散盐》

原图、图说及图咏

图 46-1 《日收散盐》原图

欽定四庫全書　熬波圖　卷下　二

日收散鹽　竈丁接拌煎鹽輪當拌次周而復始
且如一户煎鹽了畢主户則斛收見數入團内倉
房收頓依驗多寡俵付工本口粮以勵勤惰
一日煎幾何一日收幾多但憂辦不上不獨遣譏訶日
課有工程官事無蹉跎月月無虛申不敢違司鹺

图 46-2　《日收散盐》原图说与图咏

图说与图咏译释

《日收散盐》图说译文

接手灶盘后，数家灶户就安排好次序，轮流煎盐，周而复始。每户煎盐完毕，主户[①]计量验收，存入团内盐仓。同时根据核验数量多少，支付工本费和口粮，奖勤罚懒。

《日收散盐》图咏

［元］ 陈 椿

一日煎几何，一日收几多。
但忧办不上，不独遭讥诃[②]。
日课有工程，官事无蹉跎。
月月无虚申，不敢违司鹾[③]。

注释：

① 主户：灶团中各灶户组的组长。

② 讥诃[jī hē]：同“讥呵”，责难。

③ 司鹾[cuó]：管理盐务的官员。

解说：元代两浙盐业的组织管理架构

元代的两浙（浙东和浙西）盐业兴旺，朝廷对食盐的生产、储运和销售管理严格，组织管理体系规范。元代两浙盐业生产及下砂盐场的组织管理分别如图46-3、图46-4所示。

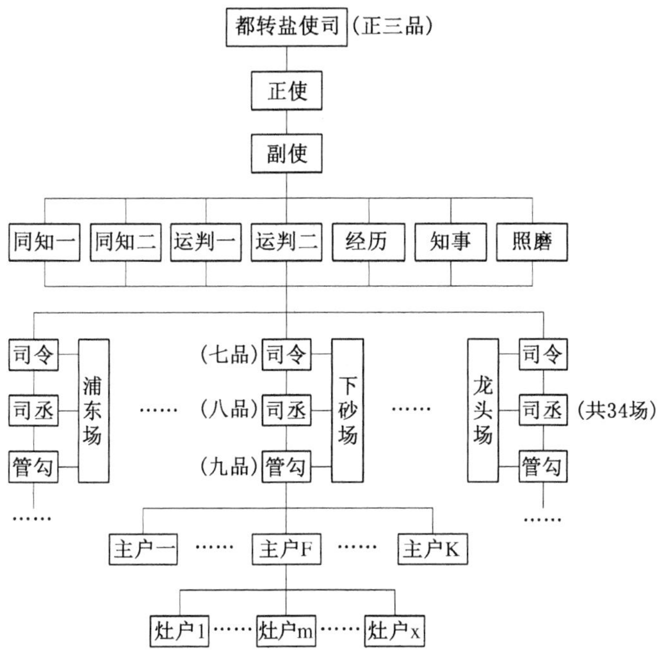

图 46-3　元代两浙盐业的组织管理架构

(图中官职及从品见:明·宋濂等《元史·卷九十一·志第四十一》)

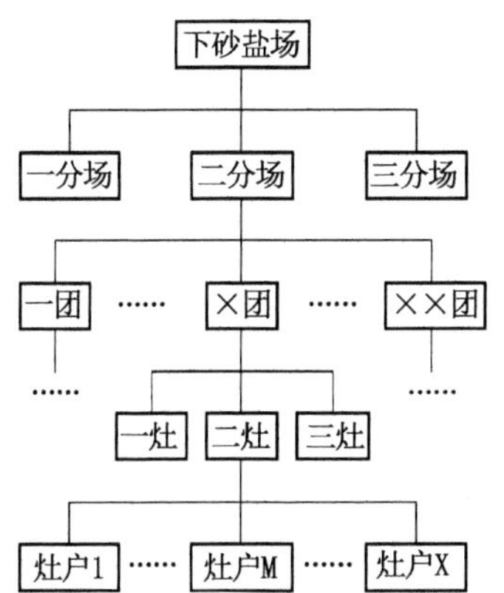

图 46-4　下砂盐场生产组织管理架构

四十七 《起运散盐》

原图、图说及图咏

图 47-1 《起运散盐》原图

欽定四庫全書　熬波圖　卷下　二

起運散鹽　各團日煎散鹽數多栿竈內及倉廒

盈滿必隨時起運赴總倉以備支裝每日丁工擔

挑下船各家用印關防官設軍人輪流沿途防送

到倉交收

散鹽如積雪地上數百堆關防少不密團門或夜開多

備牛興船加以人力推總倉有統攝不招還自來

图 47-2　《起运散盐》原图说与图咏

图说与图咏译释

《起运散盐》图说译文

各团每天煎出好几盘散盐，当灶内仓厫[①]存满时，必须随时运送总仓库，以供包装外运。每天盐丁挑盐担入船，各户分别封装好并戳注官印。沿途由军人轮流护送，到总仓上交入库。

《起运散盐》图咏

［元］ 陈 椿

散盐如积雪，地上数百堆。
关防少不密[②]，团门或夜开。
多备牛与船，加以人力推。
总仓有统摄[③]，不招还自来。

注释：

① 仓厫[cāng áo]：同“仓廒”，亦作“仓敖”，储盐仓房，也即四《团内便仓》中的便仓。
② 原图咏中“宻”[mì]，同“密”。
③ 统摄：统领；总辖。

解说：食盐运销的严密监管

为了控制丰富的盐业资源，垄断盐业生产经营，官府对盐场有严格的管理制度和严密的管理体系，采取类似兵营的形式组织生产，朝廷还设立严酷的刑法限制私盐贩卖。为了做到万无一失，在灶团院落筑墙置关，派兵把守，戒备森严。官兵严密监管食盐的计量、入库、储存、外运等。《起运散盐》原图中描写了从便仓起运散盐的场景：在盐丁们挑运食盐装船时，岸上船上同时有三名官兵在监视。

结　语

《熬波图》以其独特的"淋煎法"工艺，引领中国古代的煮海技术，同时也汇聚了古代建设工程全过程管理的方法。整理汇总的盐场建设和生产管理全过程见表结-1。

作为中国古代科技经典，《熬波图》的重要性表现在以下五个方面：

（一）《熬波图》是现存中国古代第一部完整总结海盐生产方法的科技经典著作。尽管元代前后都有一些古籍记载海盐生产技术，但没有一部像《熬波图》那样记载得全面和完整。

（二）《熬波图》是独特技术——"淋煎法"的集大成者，展现了古代淋煎工艺的最高水平。即使是其后明代的百科全书《天工开物》，其中《作咸》篇介绍的制盐技术也未如此详尽丰富。

（三）作为中国盐业中心之一的下砂盐场，《熬波图》呈现了元代上海地区（浙西）盐业生产和技术的状况，为我们研究古代海盐的生产提供了宝贵的第一手资料。

（四）《熬波图》也是古代工程管理的经典著作。无论是监管体制、组织构架，还是全过程管理，处处展示了古代工程建设管理的成就。

（五）《熬波图》还是中国最早的盐民"史诗"，其原图、图说、图咏从不同角度全面反映元代上海地区盐民的劳作与生活情景。

《熬波图》中蕴含着丰富的技术理论和管理方法，对我们今天的工程技术研发、规划设计、施工建造乃至全过程管理都有重要的指导意义。

表结-1 《熬波图》中盐场建设与生产全过程表

建设生产阶段		实施步骤(工序)					
一	相地择址布局	1- 各团灶座					
二	围墙筑池盖舍	2- 筑垒围墙	3- 起盖灶舍	4- 团内便仓	5- 裹筑灰淋	6- 筑垒池井	7- 盖池井屋
三	开河引潮蓄水	8- 开河通海	9- 坝堰蓄水	10- 就海引潮	11- 筑护海岸	12- 车接海潮	13- 疏浚潮沟
四	辟场取平棹水	14- 开辟摊场	15- 车水耕平	16- 敲泥拾草	17- 海潮浸灌	18- 削土取平	19- 棹水泼水
五	晒灰入淋取卤	20- 担灰摊晒	21- 莜灰取匀	22- 筛水晒灰	23- 扒扫聚灰	24- 担灰入淋	25- 淋灰取卤
六	担载运卤入团	26- 卤船盐船	27- 打卤入船	28- 担载运卤	29- 打卤入团		
七	斫柴缚薪运柴	30- 樵斫柴薪	31- 束缚柴薪	32- 砍斫柴生	33- 塌车镭车	34- 人车运柴	35- 镭车运柴
八	造盘筑灶装盘	36- 铁盘模样	37- 铸造铁盘	38- 砌柱承盘	39- 排凑盘面	40- 炼打草灰	41- 装泥盘缝
九	上卤撩盐扒灰	42- 上卤煎盐	43- 捞洒撩盐	44- 干盘起盐	45- 出扒生灰		
十	收盐俵付运盐	46- 日收散盐	47- 起运散盐				

参考文献

[1] 陈椿.钦定四库全书·熬波图[M].北京：中国书店，2018.

[2] 陈椿.上海掌故丛书·熬波图[M].上海：上海通社，1935.

[3] 汪欣.下沙盐场与《熬波图》[EB/OL].（2015－08－05）. http://szb.pudong.gov.cn/pdszd_pddp_mfwc/2015-08-05/Detail_646585.htm.

[4] 陈小明.中国城市规划中天人观的研究[D].南京：东南大学，2005.

[5] 张修桂.上海浦东地区成陆过程辨析[J].地理学报，1998，65(3)：237-238.

[6] 袁志伦.上海海塘修筑史略[J].上海水利，1986(2)：3-12.

[7] 王祯.钦定四库全书·农书[M].北京：中国书店，2018.

[8] 周洪福.两浙古代盐场分布和变迁述略[J].中国盐业，2018(4)：54-61.

[9] 陈椿.熬波图咏[M].上海市南汇区地方志办公室，2008.